108

METATEMAS

METATEMAS*

Libros para pensar la ciencia
Colección dirigida por Jorge Wagensberg

* Alef, símbolo de los números transfinitos de Cantor

Yves Coppens

LA HISTORIA DEL HOMBRE

Veintidós años de lecciones en el Collège de France (1983-2005)

Traducción de Nuria Viver Barri

TUSQUETS
EDITORES

Título original: *L'Histoire de L'Homme. 22 ans d'amphi au Collège de France (1983-2005)*

1.ª edición: septiembre de 2009

Diseño de la colección: Lluís Clotet y Ramón Úbeda
Diseño de la cubierta: Estudio Úbeda

Tusquets Editores, S.A. - Cesare Cantù, 8 - 08023 Barcelona
www.tusquetseditores.com
ISBN: 978-84-8383-176-2
Depósito legal: B. 26.547-2009
Fotocomposición: David Pablo
Impresión: Reinbook Imprès, S.L.
Encuadernación: Reinbook
Impreso en España

Índice

A Martine y Quentin, que han vivido (sufrido),
cada año, la preparación de las clases,
el tiempo dedicado a impartirlas y a redactar
(a menudo en verano) los resúmenes para el *Anuario,*
veintidós años para ella y diez años para él

A la memoria de mis colegas Henri Albertini,
Franck Bourdier, Jacques Briard, Jean Dastugue,
Pierre Delétie, Henri Delporte, Francis Clark Howel,
Jan Jelínek, Jacques Lacarrière, Lucien Leclaire,
Jean-Charles Sournia y Andor Thoma,
invitados a dar conferencias o seminarios en mi tribuna
y ya fallecidos

Prólogo

La presión (suave) de muchos asistentes fieles y nostálgicos me ha animado a reunir estas clases y estos seminarios.

Veintidós años representan, en efecto, una pequeña porción de historia de las ciencias y de historia de la evolución de las ideas, además de la historia de la evolución de las ideas del autor. Este encadenamiento de textos, con sus hipótesis, sus vacilaciones, sus presunciones y sus anticipaciones, ha resultado finalmente divertido de componer. Como el título de la obra compromete también a la Institución, he querido enumerar los seminarios y los coloquios para dar una visión de conjunto de la enseñanza de las disciplinas presentadas en el título de la cátedra, Paleoantropología y Prehistoria, tal como se ha impartido durante este periodo (faltan 68 conferencias dadas por 24 invitados de 12 nacionalidades).

En realidad, este periodo de veintidós años, 1983-2005, estuvo caracterizado por una extraordinaria fecundidad de descubrimientos y por sus implicaciones, comparables a los veintidós años anteriores pasados en el terreno —1960 a 1982—, especialmente fértiles; entonces, habíamos trazado las grandes líneas de los tres últimos millones de años (y de algunas de sus raíces) e íbamos a vivir el esclarecimiento de los cuatro millones de años anteriores (y algunas pequeñas ramas posteriores).

Se han elaborado especialmente un sistema de notas, un glosario y una bibliografía, para facilitar o ampliar la lectura de este libro.

Agradezco a Odile Jacob la publicación de este balance; siento afecto y admiración por Odile, y quiero darle las gracias en primer lugar.

Gracias también a Bernard Gotlieb, que explica, tranquiliza y pondera. Gracias a Monique Tersis, Anaïs Besnard-Statian y Fabrice Demeter, que han realizado, con competencia, amabilidad y paciencia, el *dirty work*.

Gracias a todos los invitados a las conferencias, los seminarios y los coloquios, que han aceptado ofrecer a los oyentes de esta enseñanza pedazos de su experiencia y de su talento. Gracias a los oyentes —¡algunos hicieron todo el recorrido!— y al calor de su atento apoyo.

Gracias, por supuesto, a la administración del Collège de France, al profesor Pierre Corvol, por haberme permitido publicar este concentrado de veintidós años de clases.

Finalmente, gracias a Patrick Norbert, autor y editor, y a Tanino Liberatore, diseñador.

Introducción

Las clases impartidas en el Collège de France (que llamamos lecciones) están abiertas, desde 1530, a todo el que quiera escucharlas. Por otra parte, se supone que estas clases exponen las investigaciones en el ámbito cubierto por el título de la cátedra a medida que éstas se realizan. La combinación de estas dos características hace teóricamente que estas enseñanzas sean los textos más actuales posibles dados en el lenguaje más accesible posible, un ejercicio evidentemente a veces delicado; ¡ser simple es complicado!

En función de sus costumbres, algunos colegas escriben sus clases, otros garabatean unos pedazos (es mi caso) y otros improvisan. Pero sea cual fuere la manera en que se organicen, estas clases deben ser objeto de un resumen que la Institución publica en su *Annuaire*. Las clases, obligatoriamente originales y necesariamente diferentes cada año, a menudo son objeto de una importante preparación; ofrecen por ello síntesis, ideas, enfoques y esclarecimientos inéditos, cualesquiera que sean sus características, que figuran en el resumen editado en el *Annuaire*.

Durante el tiempo que estuve en el Collège de France —1983-2005—, impartí veintiún años de clases (porque se deslizó en medio un año sabático). Este libro pretende reunir los textos de estas clases, asociándolos de la manera más coherente posible. La obra está dividida en dos partes: primero las lecciones, a continuación los seminarios y los coloquios que aparecen como anexos; las lecciones se subdividen en tres grupos, los seminarios, en cinco.

El primer grupo presenta en seis lecciones la historia del hombre en el sentido del tiempo, tal como se dibujaba entonces; el segundo retoma el mismo recorrido enriquecido con los recientes y numerosos descubrimientos, y añade algunas lecciones sobre la parte de la historia que concierne a Eurasia y América. El tercero reúne, de manera un poco artificial, las lecciones sobre el medio ambiente, los comportamientos culturales y sobre algunos aspectos de la historia de las ciencias.

En cuanto a los seminarios, los hemos reunido bajo las cinco rúbricas siguientes: paleoantropología, prehistoria, medio ambiente, técnicas e historia.

Una lección inaugural, pronunciada el 2 de diciembre de 1983, y una lección de clausura, el 21 de junio de 2005, ambas «excepcionales» en el sentido de que fueron totalmente redactadas, enmarcan los veintiún cursos, al igual que abrieron el primero y cerraron el último; la lección inaugural se recupera aquí; la lección de clausura se publicó con el título de *Histoire de l'homme et changements climatiques* (Historia del hombre y cambios climáticos).

La lección inaugural y las once primeras lecciones se impartieron en la sala 8 del Collège de France, las tres siguientes, puesto que el edificio estaba en obras, en el anfiteatro Charcot del hospital de la Pitié-Salpétrière (Universidad París VI) (menos una hora en el anfiteatro del Instituto Pierre-et-Marie-Curie); las siete últimas y la lección de clausura, en el gran anfiteatro Marguerite-de-Navarre del Collège de France.

Lección inaugural

No necesito confesar la emoción que experimento hoy en esta tribuna, es evidente; en cambio, quiero expresar mi profunda gratitud a los profesores del Collège de France por el gran honor que me han hecho al llamarme a su lado en esta impresionante Institución de cerca de medio milenio. También me gustaría manifestar sin demora el reconocimiento especial que debo al que ha tenido la idea de confiarme el curso que inicio en este instante, el profesor Jacques Ruffié, aunque no por ello olvidaré ni el ardor del apoyo ni el calor del estímulo de los profesores Lucien Bernot, André Caquot, Jean Dausset, Jean Delumeau, Jacques Gernet, François Jacob, Yves Laporte, Jean Leclant, Emmanuel Le Roy-Ladurie, André Miquel, François Morel, Jean-Claude Pecker y Jacques Tits, a lo largo del ciclo iniciático que esta lección debe cerrar.

* * *

Hago mía una tradición de cincuenta y cuatro años al presentar de nuevo entre estas paredes, después de una interrupción muy corta, el término de prehistoria, tradición que no se puede calificar de antigua ante la edad de muchas otras cátedras, pero que se encuentra ya ilustrada por dos grandes nombres, Henri Breuil y André Leroi-Gourhan, y por la sombra de un tercero, Pierre Teilhard de Chardin. Aunque la introducción de este último en este homenaje no sea muy ortodoxa, puesto que nunca fue elegido en el Collège de France, no me parece tampoco anormal; el padre Teilhard fue requerido por varios profesores de la casa; en cartas actualmente publicadas, hizo saber lo mucho que esta elección lo emocionó, le interesó y lo honró. Pero el procedimiento se detuvo, pues su orden no lo autorizó a responder a esta solicitud, lo cual señala a la vez la importancia del hombre y de la Institución.

Breuil, Teilhard de Chardin y Leroi-Gourhan, tres maestros con personalidades muy diferentes, a los que sin embargo une la atracción por las ciencias naturales, la fascinación por el pasado, la pasión por el terreno y el arte de la síntesis. No cabe duda de que sería vano definir en unas líneas sus obras inmensas y complejas.

No obstante, no puedo evitar recordar el extraordinario trabajo de reproducción de pinturas y grabados parietales realizado por el padre Breuil, cuyo trazo a lápiz se ha convertido en legendario; «si estos dibujos son falsos», declaró en mi presencia un día que hablábamos de las figuras de mamuts de la cueva de Rouffignac, «imitan tan bien a los modelos magdalenienses que sólo una persona en el mundo sería capaz de pintarlos, y esta persona soy yo; como yo no soy el autor, puedo asegurarles que estos dibujos son auténticos». Dicen que pasó en total más de dos años en las cuevas de Francia, España, Rodesia y Sudáfrica. Fue el primero que abrió los ojos de los prehistoriadores, pero también los de los pintores, a los que llamaba «esos esplendores inútiles para la vida material y esenciales para el espíritu». Su clasificación del paleolítico superior basada en la estratigrafía y la evolución tipológica de las herramientas es otra pieza clave de su obra, y todo especialista conoce el vigor de los escritos de Breuil que defienden su orden de sucesión. Pero sus intentos de comprensión de la compleja historia de los depósitos, las depresiones, los encajamientos y las solifluxiones de los valles o las costas del norte de Francia, Bélgica y sur de Inglaterra no son menos importantes; conducen a la idea nueva de una cronología larga del paleolítico inferior, claramente confirmada después, jalonada por las herramientas del abevillense, del clactoniense, del achelense y del levalloisense.

El reverendo padre Teilhard de Chardin se muestra más bien como un geólogo y un paleontólogo y, por supuesto, como un filósofo, al lado de su amigo prehistoriador Henri Breuil. Sus trabajos sobre los mamíferos del paleoceno y el eoceno de Europa, así como del mioceno, el plioceno y el pleistoceno de Extremo Oriente, todavía gozan de prestigio; sus investigaciones de geología sedimentaria en China, en Indonesia, en Etiopía y en Sudáfrica constituyen valiosas observaciones de un infatigable hombre de investigación sobre el terreno. Su actividad en paleoantropología es menos participativa; visita y reflexiona más de lo que excava, pero integra de forma magistral todos los conocimientos de su época en síntesis elegantes que se parecen a predicciones. En 1954 declaró: «En el punto al que hemos llegado en nuestros conocimientos de paleontología general, parece sorprendente que África no haya sido identificada a la primera como la única región del mundo en la que investigar, con ciertas posibilidades de éxito, las primeras huellas de la especie humana». Sabemos con qué esplendor los trabajos de estos veinte últimos años le han dado la razón. Extremadamente seducido por la perspectiva de una enseñanza en el Collège, Pierre Teilhard pensó mucho en ello, ciertamente, puesto que unos meses antes de lo que habría podido ser el voto de la Asamblea de profesores sobre el título de la cátedra que le estaba destinada, declaró que había llegado a una definición del contenido de sus futuras lecciones: «Todavía no se han dado en ninguna parte clases en que el establecimiento, la estructura y el desarrollo del grupo zoológico humano, considerado como un todo, se presenten técnicamente... Me parece que sería interesante que el Collège de France llevara a cabo una experiencia en esta dirección todavía nueva, una experiencia que estaría dispuesto a intentar», escribía el 23 de septiembre de 1948 a Paul Fallot, titular de la cátedra de Geología Mediterránea. Si hubiera sido elegido, el padre Teilhard sólo habría podido enseñar tres años, de 1948 a 1951. Pero sus ideas no dejaron de ser expuestas en lo alto de estos estrados por muchos oradores y especialmente por uno de sus amigos, Édouard Le Roy, titular durante cerca de veinte años de la cátedra de Filosofía. El profesor Jean Piveteau, que seguía entonces las discusiones entre Pierre Teilhard y Édouard Le Roy, cuenta que este último declaraba que no sabía demasiado bien qué idea era suya y cuál era de Teilhard, tanto se parecían sus diálogos.

André Leroi-Gourhan llegó en 1969; al introducir su experiencia etnológica en prehistoria y unir así, de manera comparada, a los hombres del presente con los del pasado, nos acercó al hombre fósil. Por otra parte, al llevar a cabo, con rigor y paciencia, talleres-escuela que se convirtieron en modelos, elevó a un nivel nunca alcanzado la precisión de la excavación y el cuidado de la recogida; mostró mejor que nadie que la exposición de una superficie antigua no era otra cosa que el establecimiento de un texto y que la lectura de este texto sólo podía realizarse una vez. Pero el arte parietal también ejerció sobre André Leroi-Gourhan, como lo había hecho sobre Breuil, su extraordinario poder de seducción; ¿acaso no es, después de todo, una parte de su función? Después de un trabajo considerable con más de dos mil figuras, consiguió establecer la participación del conjunto de la cueva en la obra, demostrar la simbología sexual de la pareja bisonte-caballo y llegar a la conclusión de la naturaleza de contenido mitológico, susceptible de haber contenido una infinidad de relatos y de prácticas, de este mensaje de varias decenas de miles de años. Estos trabajos de tecnología, de paleontología y de estética, junto a su reflexión sobre el hombre, su pensamiento, sus actos y su sociedad, desembocaron en una obra filosófica amplia pero precisa, que podemos calificar a la vez de evolucionista y de global. Para André Leroi-Gourhan, el propósito de este inmenso ámbito es, en efecto, «intentar establecer los límites lejanos de la humanidad en el tiempo y en el espacio, intentar ver al hombre en su totalidad». Éstos son los términos que me gustaría utilizar si hubiera que definir el título de la cátedra que ocupo hoy.

Ésta es, pues, la importante herencia que debo asumir y hacer fructificar hasta el año 2004. La enseñanza que propongo tiene la pretensión de llevar a cabo cierto encadenamiento con sus ascendientes, al mismo tiempo que se decanta un poco hacia la biología; su doble título de «paleoantropología y prehistoria» debería reflejar esta situación. En efecto, los platillos de la balanza que constituye soportan las dos fuentes esenciales de nuestra información, el hueso y la piedra, el cuerpo y el espíritu, la biología y la cultura. Mi curso tratará este año sobre el mundo de los homínidos antes de que apareciera el género *Homo;* mi seminario, sobre las herramientas más antiguas de los cinco continentes de nuestro planeta, reveladoras de los poblamientos más antiguos.

El término de paleoantropología tiene, desde hace veinte años, una acepción que le permitiría cubrir, por sí solo, el conjunto de esta investigación; en lugar de un platillo, habría podido representar a la vez el fiel y la aguja de la balanza en cuestión. Efectivamente, bajo su responsabilidad se incluyen a menudo la paleontología humana y la paleoecología, que a su vez contiene la paleoclimatología y la paleontología animal y vegetal, pero se incluye también la prehistoria; en otras palabras, es el conjunto del estudio de la evolución biológica y cultural del hombre y de su medio natural. Pero dado que en Francia la antropología sin más se considera en general como biológica, me ha parecido justificado, para evitar cualquier confusión, utilizar también «paleoantropología» en este sentido. Por tanto, le queda a la hermosa palabra de «prehistoria» el papel de tratar sobre el medio cultural del hombre, lo cual permite decir a André Leroi-Gourhan que podría sustituirse con ventaja por la de paletnología. Sin embargo, he mantenido «prehistoria» para respetar la tradición de su enseñanza en el Collège, procedente a su vez de la tradición de su empleo en este país, que ha desempeñado un papel de primer orden en su nacimiento y sigue haciéndolo en su desarrollo.

Por lo tanto, empleo «paleoantropología» en el sentido de una paleontología humana ampliada, y empleo «prehistoria» en el sentido de una historia de los hombres, de su comportamiento, de su pensamiento, de sus técnicas, de su estética y de sus sociedades. No es necesario añadir que los contornos así trazados nunca adquirirán una nitidez perfecta por más que nos esforcemos en delimitarlos; a veces, nuestros dos ámbitos realizan consultas e incluso toman prestados ciertos aspectos a muchas otras disciplinas sin por ello insertarse en ellas totalmente. Estoy pensando, por ejemplo, en la antropología física, la bioquímica y la cariología para el primero, y la etnología, la lingüística y la sociología para el segundo; pero qué importan las fronteras y el sentido de los préstamos, cuando el único propósito es el acercamiento en las mejores condiciones al fenómeno humano.

* * *

Pero ¿qué ha ocurrido en estos veinte años? Estoy tentado de tomar prestada a Jean Dausset, con mucha audacia, esta frase tan densa que pronunció aquí mismo, hace cinco años, en su lección inaugural: «He tenido la suerte», decía, «de vivir una de las aventuras más estimulantes de la biología contemporánea». En efecto, yo también he tenido la suerte de vivir, de cabo a rabo, una de las aventuras más estimulantes que ha conocido la historia de las ciencias paleoantropológicas desde su origen.

Esta aventura empieza en 1959; Louis Leakey encuentra en ese momento, en uno de los niveles más antiguos de la famosa garganta de Olduvai, en Tanzania, garganta que excava desde 1931, un cráneo magnífico de un australopiteco de dieciséis años, todavía portador de todos los dientes. No contento con este descubrimiento, Louis Leakey tiene la idea de intentar una datación radiométrica de un depósito de ceniza volcánica inmediatamente superior al nivel que contenía el cráneo; la determinación, que utiliza la transformación del potasio radiactivo en argón, la realizan Jack Evernden y Garniss Curtis en Berkeley y su publicación, en 1961, se parece a una explosión. ¡El cráneo del australopiteco de Olduvai tendría más de 1,75 millones de años! Yo mismo estaba ya metido en la investigación en África, en este caso en Chad, cuando se descubrió este cráneo, y me acababan de llamar para realizar los dieciséis meses de servicio militar cuando se anunció su edad. Pero, en 1963, me encontraba en Olduvai, invitado por Louis Leakey, compartiendo con él proyectos, esperanzas y entusiasmo. Este doble acontecimiento, el descubrimiento de un homínido y su datación, desencadenó la más extravagante caza del hombre fósil que la memoria de un paleontólogo pueda recordar. Nueve expediciones internacionales se alinearon desde la llanura del Serengueti hasta el mar Rojo, de 1963 a 1981, a lo largo de 2000 kilómetros de falla, en ese valle del Rift oriental que precisamente alberga el yacimiento de Olduvai, la expedición de Harvard en el sur del lago Turkana en 1963, la expedición del Museo de Nairobi en la cuenca del lago Natron en 1964, la expedición francoetíope del vado de Melka Kunturé en 1965, la expedición del Bedford College de Londres en la cuenca del lago Baringo en 1966, la expedición internacional del Omo en 1967, la expedición del este del lago Turkana en 1968, la expedición internacional del Afar en 1972, la expedición del valle del Rift etíope en 1974 y la expedición del valle medio del Awash en 1981, y centenares de miles de esqueletos fósiles, centenares de restos de homínidos, miles de piedras y huesos tallados, y toneladas de sedimentos se recogieron, se analizaron, se compararon y se discutieron en un brillante y ruidoso foro internacional. El millón y medio de años que tanto miedo daba en 1961 se ha doblado, cuadriplicado y decuplicado, sin que ahora las cifras asusten; de esta manera, poco a poco han revivido los últimos quince millones de años de esta provincia biogeográfica; gracias a los pólenes, la madera, las raíces, las hojas e incluso los frutos, se ha replantado el paisaje; gracias a los huesos, los dientes, las huellas de pasos y las conchas, la fauna se ha reconstituido; gracias a las arenas, las arcillas, los limos, las gravas, los ríos y los lagos, las marismas y las tierras, se han establecido los contornos de las orillas y la altura de las dunas; gracias al análisis químico de estos sedimentos, a la determinación de sus minerales pesados, a la medida de los isótopos del oxígeno que contienen, al sentido de las variaciones de tamaño y de enrollamiento de los moluscos que encierran, se ponen de manifiesto la composición del agua, su salinidad, su temperatura, su profundidad y su origen; gracias a la distribución de los fósiles, a su tamaño, a su peso y a su orientación, se revelan el sentido y la velocidad de las corrientes, el grado de agitación de las aguas y la fuerza de los fenómenos volcánicos; gracias a la naturaleza de estos fósiles, a las proporciones y a las asociaciones de especies y a sus variaciones, se añaden a los datos anteriores la importancia de las precipitaciones, el grado de humedad y la frecuencia de los vientos.

El nivel en el que se descubrió el esqueleto del australopiteco llamado Lucy, por ejemplo, datado en tres millones de años, traduce la imagen de un paisaje, colgado a 1500 metros de altitud en lugar de los 400 metros actuales, sometido a lluvias regulares y compuesto por un lago rodeado de zonas pantanosas con juncos y cañas, y de una llanura inundable sembrada por una alfombra de gramíneas y recorrida por cursos de agua permanentes. Más lejos, las sabanas arboladas se espesan poco a poco hasta convertirse, a unos diez kilómetros del lago, en auténticos bosques. Dinoterios y elefantes, los primeros, ancestros de los mamuts que se encontrarán más tarde en Europa y mucho más tarde en las paredes de nuestras cuevas, y los segundos, ancestros del elefante actual de África, cerdos, ancestros o primos de los facoceros, jirafas, sivaterios, hipariones, antílopes impalas, kobes, alcélafos, tragélafos, dicdics y rinocerontes blancos pacen o ramonean en la pradera y la sabana, acechados por hienas, panteras, dinofelis, megantereones y homoterios. Cercopitecos y colobos pueblan el bosque; cocodrilos como los actuales del Nilo, pero también gaviales ocupan los ríos al lado de los apacibles hipopótamos.

Si se recuerda que esta región del mundo es precisamente, y probablemente la única, donde se desarrolló esta parte esencial de la historia de los primates superiores entre hominoides y homínidos y entre homínidos y hombres, cuyo término actual representamos nosotros, se comprenderá la importancia de la aventura, la dimensión del reto.

Aprovecharé este instante para rendir homenaje a aquellos de mis mayores y mis maestros que me enseñaron el terreno: Jacques Barbeau en los desiertos de Borku, Louis Leakey en las sabanas del Zinj, Camile Arambourg en las orillas del río Omo, y para saludar a aquellos de mis compañeros que lo compartieron conmigo: Françoise Le Guennec-Coppens en Chad y Etiopía, Raymonde Bonnefille, Jean Chavaillon, Claude Guillemot, Jean-Jacques Jaeger, Donald Johanson, Richard Leakey, Maurice Taieb, en el valle del Omo o en el triángulo de Afar.

Al mismo tiempo que se llevaba a cabo esta extraordinaria campaña de prospección, excavaciones y explotación de los sedimentos miocenos, pliocenos y pleistocenos de África oriental, se desarrollaban y se multiplicaban, en parte bajo su impulso, los métodos de datación. El intento de Leakey, Evernden y Curtis de 1961, que había utilizado la desintegración del potasio radiactivo en argón, pronto se volvió habitual, siempre que el terreno se prestaba a su aplicación. Surgieron muchos otros métodos, basados en el mismo principio, que completaron o sustituyeron al precedente, por ejemplo el del rubidio-estroncio, el del uranio-torio-plomo, el de la fisión espontánea del uranio, del torio o del plutonio registrado en forma de trazas en ciertos minerales, el de la relación berilio/aluminio formado en la parte alta de la atmósfera y acumulado en los sedimentos o, por irradiación artificial del potasio 39, el del argón 39-argón 40. Las dataciones absolutas así conseguidas y las determinaciones de imantación remanente de los sedimentos o paleomagnetismo, que ponen en evidencia la sucesión de las diferentes direcciones del campo magnético terrestre, pudieron aplicarse ampliamente; así nació la magnetoestratigrafía o magnetocronología. Por ejemplo, la secuencia sedimentaria del Omo, en Etiopía, de más de mil metros de espesor, se estableció por los métodos radiométricos y magnetoestratigráficos en un intervalo de cuatro millones de años a 800.000 años, con una aproximación de 200.000 años, y fijó, entre otros acontecimientos, los inicios de la talla de la piedra en tres millones de años y la aparición de *Australopithecus boisei* al mismo tiempo que la de una gran sequía en 2,2 millones de años.

He aquí cómo se presentan, en la secuencia del Omo, algunos de estos datos:

4.050.000 años ± 200.000 años para el basalto más antiguo,
3.790.000 años ± 200.000 años para una toba llamada B y después
2.930.000 años ± 100.000 años
2.600.000 años ± 120.000 años
2.120.000 años ± 110.000 años
1.990.000 años ± 100.000 años
1.930.000 años ± 100.000 años
1.810.000 años ± 90.000 años
y 1.270.000 años ± 90.000 años,

para otros siete niveles sucesivos de cenizas volcánicas, interestratificados en la serie sedimentaria.

Pero no hay que olvidar los métodos de datación tan eficaces y variados como aquel, en pleno desarrollo, que utiliza el almacenamiento en ciertos minerales de las ondas electromagnéticas, llamado datación por resonancia electrónica de spin; el que mide las proporciones de aminoácidos levógiros y dextrógiros de los huesos, los segundos de los cuales surgen de la transformación o racemización de los primeros, o la gran variedad de los que se esfuerzan por estimar el tiempo de acumulación de cierto grosor de sedimentos o el tiempo de evolución de una especie. Los periodos más recientes han visto correr en su ayuda al famoso carbono 14, fijado por los animales y los vegetales vivos y que se desintegra en nitrógeno cuando mueren, el grado de hidratación de las obsidianas, anhidras en el momento de su formación, la termoluminiscencia de las vasijas cocidas o el sílex quemado, o el arqueomagnetismo de los hornos o las vasijas que permanecieron en su lugar después del último enfriamiento. Si se añade que el método del potasio/argón se aplicó a la paleoantropología a partir de 1961, el de las trazas de fusión a partir de 1962, el del paleomagnetismo a partir de 1963, el del argón 39-argón 40 a partir de 1965, la racemización de los aminoácidos a partir de 1970 y la resonancia electrónica de spin a partir de 1978, se comprenderá de nuevo la importancia de estos veinte últimos años. Por primera vez, paleoantropología y prehistoria se insertaban en una cota cronológica de mallas apretadas, lo que facilitaba considerablemente la investigación y aportaba al mismo tiempo una imagen de rigor de la que no siempre se beneficiaba antes.

Sin querer atribuir todos los méritos a la operación del este africano, es fácil comprender que veinte años de mezcla de disciplinas y de nacionalidades sólo podían conducir a un estilo nuevo de investigaciones; la puesta en común de tantos trabajos gracias a sus contactos, a sus debates y a sus competiciones siempre fue sorprendentemente fecunda. El resultado fue una unión de la comunidad paleoantropológica internacional y un extraordinario desarrollo de la colaboración entre especialidades, tanto en el interior de las expediciones del valle del Rift como en el exterior. Mientras geólogos, geomorfólogos, paleontólogos y paleobotánicos hacían esfuerzos, por ejemplo, por reconstruir, en el interior, paisajes y ecosistemas, otros geólogos, desde el puente de sus barcos-laboratorio, hurtaban en los fondos oceánicos, subían impresionantes columnas de sedimentos y, gracias a la evolución de la morfología del plancton fósil que contenían, función de la evolución de la temperatura de la superficie, aportaban, en el exterior, valiosas informaciones a la reconstitución del clima. Durante este tiempo, otros geólogos, esta vez tectónicos, refrescaban la vieja idea de Wegener y hacían dar un paso de gigante a la comprensión de la historia del globo. El acercamiento de todas estas facetas, apoyado por las nuevas dataciones, iluminó de repente, de manera a veces espectacular, el sentido de las migraciones y el dibujo de las filogenias tan apreciadas por nuestra ciencia. La historia de los primates superiores, por ejemplo, que se encuentra indiferentemente en los tres continentes del Viejo Mundo, de Egipto a Kenia, de Pakistán a China y de Turquía a Francia, se ordenó en el espacio y en el tiempo, como por encanto, cuando se descubrió que los primates de Eurasia, contrariamente a los de África, no superaban nunca los 17 millones de años y que se había establecido un corredor entre África y Asia, como consecuencia del contacto de estas dos plataformas, hace precisamente 17 millones de años. No es inútil añadir que la nueva concepción de tectónica de placas se propuso en 1967 y que los sondeos marinos profundos empezaron en 1968.

No dejaré pasar este episodio sin rendir homenaje a todos aquellos —mis maestros, mis jefes y mis mayores— que me enseñaron la paleontología y la antropología, Jean Piveteau en los grandes anfiteatros oscuros de la vieja Sorbona, Jean-Pierre Lehman y Robert Gessain en el corazón de las fabulosas colecciones del Jardín Botánico y del Museo del Hombre, Francis Clark Howell en los laboratorios austeros de la Universidad de Chicago, ni sin saludar a aquellos compañeros que compartieron esta formación, Jacques Lessertisseur, Daniel Heyler, Denise Sigogneau, Kyou Jouffroy y Sauveur d'Assignies en París, Franck Brown, Lynn Fichter, Ronald Wolf y David Abrams en Estados Unidos. También rendiré un homenaje muy especial a esta grande y bella casa que es el Museo Nacional de Historia Natural; como investigador del Instituto de Paleoantropología, después del Museo del Hombre y finalmente titular de la cátedra de Antropología, heredera de la Demostración de Anatomía y de Cirugía creada en 1636 en el Jardín del Rey por Marin Cureau de la Chambre, me he beneficiado durante más de un cuarto de siglo de su espíritu de rigor y de empresa, pero también de encanto y de aventura.

El desarrollo de la microscopía óptica y con mayor razón de la microscopía electrónica abriría todavía más campos a los paleoantropólogos y los prehistoriadores; los primeros se centraron en las superficies oclusales de los dientes y los segundos, en los filos de las herramientas de piedra. Y como una pista de patinaje, dientes y piedras se mostraron portadoras de una multitud de marcas, estrías, aplastamientos y pulimentos característicos de lo que fueron sus actividades. Todo estaba registrado como en la cera blanda de un disco; el esmalte dental revelaba la naturaleza de la dieta alimentaria, frugívora o folívora, carnívora o vegetariana, e incluso las proporciones del menú omnívoro del ser al que habían pertenecido los dientes. El filo de las herramientas hablaba de la naturaleza del trabajo practicado y la del objeto trabajado, talla de madera, corte de carne, raspado de pieles o corte de huesos. A la interpretación de la morfología dentaria, se añadían los valiosos estigmas de lo que fue la masticación; a la denominación de los tipos de herramientas, se añadían las pruebas incontestables de lo que fueron sus funciones. Por primera vez, se pudo declarar de forma segura que el raspador raspaba y la raedera raía; por primera vez, se pudo demostrar que los caninos de unos cizallaban mientras que los de otros trituraban como molares. Por ejemplo, en el momento en que los cantos tallados parecían haber servido mucho más para mondar vegetales que para despedazar carne, los dientes de *Homo habilis* revelaban precisamente que habían masticado más que cortado. Conviene evocar aquí el sorprendente desarrollo del examen, por los mismos métodos, de la superficie de los granos de arena, que hablan de su transporte, de los lugares donde han estado, en una palabra, de todas las vicisitudes de su existencia, examen exoscópico completado por una exploración de sus inclusiones, o endoscopia, que revela su procedencia. La inquisición tomodensitométrica, o escanografía, permite desde hace poco, gracias a la asociación radiografía-ordenador, añadir el corte, con el grosor deseado, de los objetos cuya forma o contenido se quiere examinar; su sección transparente aparece sin esfuerzo en una pantalla de lectura directa. En cuanto a la microrradiografía del hueso, combinada con los análisis químicos —determinación del contenido de magnesio o de estroncio, relaciones O^{18}/O^{16}, C^{12}/C^{13}, trazas de metales pesados, determinaciones de desmineralización, etcétera—, a veces puede revelar las características alimentarias, e incluso las deficiencias o las contaminaciones, a su vez relacionadas con la transformación del medio. De esta manera, se aplican poco a poco a nuestras ciencias estas valiosas técnicas de exploración de objetos orgánicos o minerales, enriqueciendo considerablemente nuestro conocimiento de testigos a menudo muy modestos. La aplicación de la microscopía electrónica al estudio de la piedra tallada se remonta a 1964, su aplicación al examen de las superficies dentarias a 1975, la exoscopia de los minerales a 1971 y la aplicación de la escanografía al hueso fósil a 1979.

Durante este mismo periodo, el acceso a los niveles celular y molecular permitió a grandes disciplinas proponer, mediante un juego de comparaciones, distancias entre las especies o los géneros vivos y por ello afinar nuestras clasificaciones y nuestros antiguos árboles filéticos; la primera es la citogenética o cariología, sorprendentemente precisa desde que utiliza las técnicas de marcado. La segunda es el amplio campo de la biología molecular, la inmunología y la inmunodifusión en el análisis secuencial de las macromoléculas. Con los cromosomas, las determinaciones inmunológicas, las secuencias de aminoácidos, los pseudogenes o el reciente método de hibridación del ADN, estas ciencias han puesto a disposición de la paleontología, un conjunto de resultados nuevos especialmente valiosos, pero cuya digestión no siempre ha resultado fácil. Han sido necesarios muchos debates y largos coloquios de reajuste para poner en marcha una genealogía que guste a todo el mundo, lo cual se ha conseguido más o menos en la actualidad. Sin embargo, hasta el año pasado, todos permanecían en su lugar: el paleontólogo seguía siendo el dueño incontestable del mundo de los fósiles, el bioquímico y el citogenético se limitaban a comparar las formas vivientes. ¡Y después, un buen día, un bioquímico se divirtió inyectando a un desgraciado conejo un triturado de raíces de dientes de ramapiteco y de sivapiteco de ocho millones de años! El conejo, asombrado, reaccionó a la inyección y se puso a fabricar anticuerpos que, colocados ante antígenos actuales, mostraron que el ramapiteco y el sivapiteco parecían tener más afinidad con gibones y orangutanes que con hombres y chimpancés. Evidentemente, éste no es el lugar de analizar el resultado de esta experiencia ni de valorar su significado, pero no deja de ser cierto que, por primera vez, la paleoantropología pudo contar con la intervención de la bioquímica en su propio terreno. Me parece que es una fecha importante y la apertura de un campo nuevo con el que hasta ahora nos habíamos contentado con soñar. Recordemos también que las primeras determinaciones inmunológicas de distancias datan de 1961, el descubrimiento de las bandas cromosómicas, de principios de los años setenta y el experimento de la inyección al conejo de proteínas del mioceno, de 1982.

La biología molecular y la citogenética han aportado, pues, precisiones considerables a los paleontólogos; han confirmado la extrema proximidad del hombre y los grandes simios, pero también han señalado que, entre estos grandes simios, los gorilas y los chimpancés están mucho más cerca de nosotros que los orangutanes y, mejor todavía, que el chimpancé nos es incontestablemente más cercano que el gorila. Dado que estos resultados a menudo van acompañados de estimaciones de la edad de separación de unos y otros en el gran árbol de las filiaciones, y que las primeras estimaciones —tres a cinco millones de años en lo referente a la separación de los grandes simios africanos y los homínidos, por ejemplo— parecían extraordinariamente cortas a los ojos asustados de los paleontólogos, surgieron numerosos trabajos de paleoprimatología y de primatología para intentar estimar, con otras herramientas, estas mismas distancias. Citemos las abundantes investigaciones paleontológicas en el eoceno, el oligoceno o el mioceno de África del norte y del este, de Arabia, de Irán, de Turquía, de Grecia, de Hungría, de Pakistán, de la India, de Birmania y de China. Citemos también los trabajos de embriología, de fisiología, de hematología, de biomecánica y las nuevas investigaciones de inmunología y bioquímica. Tienen el mérito de confirmar esta proximidad y al mismo tiempo hacerla retroceder en el tiempo; siete a diez millones de años para la división pánidos-homínidos parecen hoy más razonables. El método de hibridación del ácido desoxirribonucleico propone, por ejemplo, fechas de 16 millones de años para la individualización del linaje de los orangutanes, 10 millones de años para la separación de la del gorila y 7,5 millones de años para la divergencia homínidos-chimpancés. «Los especialistas de este método están haciendo un encaje de bolillos», me decía, hace unos días, el profesor François Gros.

En cuanto a los destacables estudios de etología de los grandes simios, tienen el interés de atraer nuestra atención sobre la dificultad de trazar a veces una frontera entre nuestros primos, los grandes simios, y nosotros. Los chimpancés, por ejemplo, de sociedades complicadas, se han mostrado capaces de utilizar y fabricar herramientas, de aprender ciento cincuenta signos y de construir frases, de inventar una danza de la lluvia que se parece a un ritual, de manifestar una incontestable conciencia de sí mismos y de tener en cuenta, en cierta medida, el tabú del incesto.

En el chimpancé se observa, por ejemplo, la utilización de la piedra como arma arrojadiza y del palo para golpear la cabeza, pero también como bastón para explorar un objeto o como palanca para ensanchar un agujero; asimismo se observa la preparación del palo mediante deshojadura para atrapar las termitas o la confección de una especie de esponja por masticación de hojas para recoger agua inaccesible a los labios, o para absorber los pedazos de cerebro que se quedan en el fondo de un cráneo, o para limpiar una herida que sangra...

Los sordomudos controlan los signos del lenguaje que se les enseña hasta el punto de inventar asociaciones; por ejemplo, al no saber cómo llamar a un cisne, lo llamaron «pájaro de agua», a una cebra, «tigre blanco», a una máscara, «sombrero para los ojos»; ¡evidentemente, es impresionante!

En realidad, soy un poco provocador, porque no es tan difícil desmarcar al hombre de su parentesco simiesco, aunque sea por las dimensiones y la complejidad de su reflexión, su comunicación o su sociedad. Pero no me parece inútil señalar esta necesitad que experimentamos ahora de recurrir a veces a un concepto cuantitativo para definirnos con mayor seguridad. Recordemos que las experiencias de estancias largas entre los grandes simios empezaron en África en 1960 y en Asia en 1971, y que los esfuerzos de investigaciones paleontológicas en el neógeno se multiplicaron a partir de los años setenta.

Durante este mismo tiempo, los métodos de excavación hacían extraordinarios avances y ya hemos hablado de todo lo que deben a André Leroi-Gourhan. El objeto, la huella o la señal, incluso fugaces, ahora tienen valor no sólo como tales, sino también por su situación en el espacio y sus relaciones con los demás objetos, huellas o trazas. Esta investigación, para intentar que escapen al registro en el libro de excavación el menor número posible de informaciones, evidentemente ha permitido acceder a una multitud de datos antes destruidos e interpretaciones hasta el momento inaccesibles, sobre todo referentes a la ordenación del espacio. Por ejemplo, cuando la vivienda se ha conservado, la choza de hojas de una docena de metros cuadrados, de 1,8 millones de años de antigüedad, de los primeros hombres de Tanzania o la tienda de piel de reno de siete a nueve metros cuadrados, de 12.000 años de antigüedad, de los cazadores de la región parisina, se describen ahora con la misma fascinante precisión. Cuando la piedra se talló en el lugar, por ejemplo, es posible recorrer al revés el camino del tallador, lasca tras lasca; por tanto, podemos imaginar sin problemas lo que son los avances en la reconstitución de los actos, la comprensión de las técnicas y el establecimiento de los diversos grados de complicación alcanzados por estos equipos y el espíritu de sus inventores.

André Leroi-Gourhan describió más o menos así el campamento magdaleniense de Pincevent, cerca de Fontainebleau: unas docenas de familias nómadas, hace una docena de miles de años, llegaron allí, a principios de verano, en el momento en que las aguas del Sena estaban bajas, y se establecieron durante dos, tres o a veces cinco meses para cazar renos. Plantaron sus tiendas circulares, de unos tres metros de diámetro, y cavaron un hogar en forma de cubeta delante de la entrada, cerca del cual colocaban grandes recipientes fijos. Detrás del hogar, se encontraba el área de trabajo, talla de sílex, por ejemplo, y de comida y, en el fondo de la tienda, el lecho. El reno constituía la base del menú, y la cantidad de carne de reno consumida al día y por persona se ha estimado en alrededor de 450 gramos. Los animales cazados y abatidos se llevaban enteros a la aldea para ser despedazados allí. Los desperdicios, restos de talla o sobras de la comida simplemente se tiraban por la puerta de la tienda y formaban una capa que a veces se extendía hasta cinco o siete metros de la entrada, «a menos», escribe Leroi-Gourhan, «que por razones de buen vecindario o de parentesco hubieran plantado dos o tres tiendas contiguas o cercanas»... Entonces el vertedero estaba apartado y era común.

Por otra parte, es divertido observar que este esfuerzo por el rigor de la prehistoria es lo que dio mala conciencia a las disciplinas cercanas, tanto hacia arriba como hacia abajo; la arqueología, incluso la más clásica, no puede despreciar hoy ni la estratigrafía ni la distribución de objetos en cada nivel, ni siquiera los restos esqueléticos, tan molestos cuando se encuentran enteros; ¡no olvidemos, por ejemplo, que un esqueleto humano está formado por 206 huesos! En cuanto a la paleontología, se ha visto inducida a inventar la tafonomía, o estudio del paso de los restos animales o vegetales de la biosfera a la litosfera, de la biocenosis a la tanatocenosis, ciencia que presenta ahora, ayudada por la observación contemporánea e incluso la experimentación, un desarrollo lleno de interés; en efecto, como se podía sospechar, el grado de conservación de los fósiles depende del sedimento que los envuelve y de la distribución natural de los restos orgánicos en una capa, función del carácter, la fuerza, la velocidad y el sentido del agente responsable de esta distribución. Finalmente, dado que uno de los escasos recursos del prehistoriador cuando reflexiona sobre las construcciones, las artesanías y las técnicas es dirigirse al extraordinario laboratorio que constituyen los seis mil millones de hombres que viven en la actualidad en la Tierra, muchos aspectos de la etnología le sirven de ayuda en su investigación, sobre todo, desde hace algunos años, el estudio de lo que deja en el suelo toda la población contemporánea cuando abandona un hábitat. Puede intentarse establecer comparaciones, siempre que se manejen con grandes precauciones, pues evidentemente nunca pueden superponerse de manera simple y directa sobre el modelo prehistórico. Todos estos trabajos, de desarrollo reciente —la tafonomía no se aplicó de manera sistemática hasta 1970—, han dado otra dimensión a la paleoantropología y a la prehistoria, al mismo tiempo que han edificado una escuela de precisión y de paciencia.

Permítaseme rendir aquí un homenaje a mis maestros y jefes, que me enseñaron, en la Universidad de Rennes, la prehistoria, la historia antigua y la excavación, Pierre-Roland Giot en la facultad de Ciencias y en los montículos tumularios o los tholos neolíticos de la Croix-Saint-Pierre, de Quillio, de Carn o de Barnenez, Pierre Merlat en la facultad de Letras y en los campamentos fortificados galorromanos de Trouguer-en-Cleden y Cap-Sizun, y saludar a los compañeros que compartieron estas enseñanzas, Jacques Briard, Jean L'Helgouarch y Bernard Moussié en prehistoria, Louis Pape, René Sanquer y Dominique Bousquet en arqueología.

Sería posible continuar durante mucho tiempo más esta lección prolongando la lista de las técnicas recientemente aplicadas a nuestros ámbitos, enriqueciendo la de las disciplinas que colaboran con ellas y esforzándonos por valorar el extraordinario crecimiento del campo de la paleoantropología y de la prehistoria. Pero baste con señalar, en este punto de la exposición, lo inmenso que ha sido este desarrollo durante los últimos veinte años, lo increíble que ha resultado el aumento consecutivo del número de datos y lo sorprendente del número de ideas.

Hoy parece claro que, después de un periodo un poco confuso, se dibujan las líneas de nuestra historia y que, para empezar, las famosas ruedecillas de la cuna de la humanidad con las que se divertía el padre Breuil se han parado definitivamente. Nuestros ascendientes, africanos durante millones de años, se habrían encontrado, hacia finales del mioceno, relegados a la selva y la sabana arbolada, que cruzaba el África ecuatorial del océano Atlántico al océano Índico; el hundimiento del valle del Rift, acompañado de movimientos de elevación de sus bordes, habría dividido en dos partes desiguales a la población de nuestros antepasados, un corte simplemente tectónico de entrada que se convirtió en barrera ecológica como consecuencia de una división de las precipitaciones. Nuestra historia es, pues, la bien conocida de la evolución de las poblaciones insulares. Entre el Rift y el océano Atlántico, los primos del oeste mantienen o mejoran su adaptación al medio arbolado; entre el Rift y el océano Índico, los primos del este luchan por sobrevivir en un medio que se desforesta y, al abrirse, los descubre. Llamamos pánidos a los primeros y homínidos a los segundos. Louis Leakey, Camille Arambourg, Mary Leakey, Bill Bishop, Francis Clark

Howell, Richard Leakey, Jean Chavaillon, Maurice Taieb, Donald Johanson, Jon Kalb, John Desmond Clark, Timothy White, Hidemi Ishida y yo mismo hemos recogido más de dos mil restos de estos homínidos. Primero se llaman australopitecos, después *Homo habilis;* primero se enderezan, se equipan con un encéfalo cada vez más importante y cada vez mejor irrigado, y a partir de los tres millones de años, aparecen a su lado los primeros objetos tallados del mundo, que revelan la idea de una reflexión, de un aprendizaje, de una complicación de la sociedad y de un desarrollo de las comunicaciones entre sus miembros. En el mismo momento en que, en la misma región que se seca, el caballo corre más deprisa y el elefante come cosas más duras, como atestiguan las patas de uno y los dientes del otro, el homínido se pone en pie, reflexiona, fabrica y se organiza como para defenderse mejor. Cuando nos proyectamos de repente en las grandes sociedades contemporáneas y valoramos la complejidad de sus estructuras, la densidad de sus comunicaciones, la importancia de su aprendizaje y su grado de reflexión, nos sentimos a la vez maravillados y asombrados. Qué extraña historia, la nuestra, quizá surgida, en un clima cambiante, de la obligación de cambiar con él para sobrevivir. En cualquier caso, esta gran aventura paleoantropológica es lo que ha permitido descubrir en veinte años que nuestro origen fue único, africano, tropical y muy antiguo, y que la evolución del medio natural influyó de manera considerable y sin duda decisiva sobre nuestra propia evolución.

Quizá porque caza, *Homo habilis* se vuelve más móvil de lo que era su predecesor; quizá porque su población aumenta, debe reconocer nuevos territorios y establecerse pronto en ellos. El caso es que lo encontramos progresivamente a través de toda África, pero también en una amplia porción de Eurasia; el Viejo Mundo se llena como un jarro. Este hombre cuyo cuerpo aumenta a la vez que crece la cabeza descubre la simetría, diversifica su equipo, organiza su hábitat y rinde al cráneo de sus muertos un homenaje que actualmente calificaríamos de bárbaro. De esta forma, se encamina morfológicamente hacia nosotros y culturalmente hacia sociedades cada vez más complicadas, herramientas cada vez más eficaces, ritos de inhumación que tenemos la sensación de comprender mejor y una expresión estética que nos confunde, mientras termina de conquistar el mundo. Donde su cosecha es fructuosa, se establece de manera más duradera y, poco a poco, siembra para recoger mejor; entonces, los problemas de contabilidad lo conducen a simbolizar las cantidades mediante pequeñas piezas y después, imprimiendo las formas en arcilla fresca, a reducir a dos dimensiones lo que tenía tres; de este modo, la escritura hunde sus raíces en un pasado de una buena docena de miles de años. La transformación de los metales, el dominio del cobre hace 6000 o 7000 años, después del estaño y pronto del hierro hace 3000 años permitirán dar un gran salto a la economía al mismo tiempo que a la demografía; probablemente, éramos entonces un poco menos de cien millones de personas sobre la Tierra. Hoy somos 5000 millones, nuestras comunicaciones son instantáneas y nuestra sociedad pronto será mundial.

* * *

Según la división de nuestras enseñanzas, estas investigaciones se atribuyen unas veces a los campos de las ciencias geológicas y biológicas, otras veces a los campos de las letras y las ciencias humanas y otras, a los campos de la medicina y las ciencias biomédicas, unos y otros íntimamente mezclados. Estas disciplinas, que sólo pueden recoger sus documentos en la tierra y leerlos en función de la comprensión de su envoltura sedimentaria, pertenecen, en efecto, incontestablemente, a las ciencias geológicas. Pero no cabe duda tampoco de que estos documentos, que son en parte restos orgánicos, representan, incluso cuando están totalmente mineralizados, testimonios de lo que ha estado vivo; no se puede negar la pertenencia de sus análisis a las ciencias biológicas. Cuando estos restos son de homínidos y se encuentran acompañados de estos objetos, fabricados o desplazados, que ahora los caracterizan, las ciencias humanas reivindican con razón los estudios. Una parte importante de estas investigaciones, la anatomía, la biomecánica y la paleopatología, muestra relaciones incontestables con las ciencias biomédicas. Sin abandonar el simple enunciado del encadenamiento de los seres, los acontecimientos y las culturas que estos trabajos permiten ordenar, no olvidemos tampoco que nuestro campo está evidentemente a la misma altura que el de la filosofía. Podríamos avanzar incluso que el lugar que ocupa, en nuestros trabajos, la hipótesis, por ejemplo la reconstitución de los seres y los mundos perdidos a veces no está demasiado alejado del campo de lo imaginario. Finalmente, ante el entusiasmo manifestado por nuestras investigaciones por todo tipo de públicos en todos los países del mundo, quizá podemos pensar que hemos adquirido, sin duda inconscientemente, una especie de lenguaje universal que no parece de otra naturaleza que la del lenguaje del arte.

Tal vez representamos uno de los ejemplos más demostrativos del encuentro de estos mundos, evidentemente separados de manera por completo artificial. En efecto, sería una evidencia poco brillante decir que sus límites son convencionales; por otra parte, ¿cómo podría ser de otra manera? Sin embargo, no es inútil señalar esta particularidad, yo diría este privilegio, de situación fronteriza de la que intenta dar cuenta la imagen de balanza entre paleoantropología y prehistoria. Por otra parte, estoy encantado de intentar llevar a cabo, en el marco de esta cátedra, una enseñanza conjunta de estos dos ámbitos, que tenemos demasiada tendencia a separar, con el pretexto de que la mayoría de los métodos que los estudian difieren.

Al lado de sus características propias, que los unen a los diversos ámbitos citados, hemos visto cómo, en veinte años, la paleoantropología y la prehistoria han ampliado su campo y han multiplicado sus alianzas. Por otra parte, este crecimiento parece haber conducido a estas disciplinas a una especie de madurez que se está manifestando a través del establecimiento, por primera vez, de programas a largo plazo; en el esquema de las migraciones y las filiaciones que se ha puesto en marcha poco a poco, vemos ahora dónde se encuentran los interrogantes, los puntos débiles, los silencios; sabemos que hay que investigar a los prechimpancés para verificar el escenario de nuestro origen, sabemos que hay que interrogar a Arabia para conocer la edad de nuestras primeras salidas, sabemos que hay que dar cuerda al reloj molecular para escalonar nuestro itinerario. Después de todo, no hace mucho tiempo que hemos abandonado la idea de un origen asiático y oligocénico de nuestra familia.

Estos dos campos complementarios, científicos en los pasos que siguen o poéticos en las imágenes que dibujan, están avanzando elementos de respuesta a las grandes preguntas de naturaleza, de origen y de destino que el hombre se plantea desde que es consciente; muy probablemente, es una de las razones del interés que suscitan en un mundo en que los dogmas se debilitan. Pero, por otra parte, al dar a conocer poco a poco a todos los hombres y a todas las culturas que se han sucedido en nuestro planeta, la paleoantropología y la prehistoria, al igual que la historia, la arqueología o la etnología, parecen también estar edificando una especie de nuevo humanismo.

Esta extraordinaria corriente de exaltación de los valores humanos fue inventada en Atenas. En efecto, parece que los sofistas son los primeros que colocan al hombre en el centro de su reflexión, aliando conocimiento biológico y ciencias sociales; pero evidentemente, es el Renacimiento —en otras palabras, los filólogos, los enciclopedistas y los artistas de los siglos XV y XVI de Italia y de Francia— el que desarrolla de forma brillante este concepto de humanismo, al redescubrir la antigüedad griega, romana y hebraica. El movimiento aguantará tres siglos, después se transformará progresivamente y se enfriará bajo la probable influencia del crecimiento de las ciencias. Hoy, cuando, en el fondo del pasado o en el extremo del horizonte aparece la aventura de miles de civilizaciones, de sociedades, de lenguas, de religiones y de costumbres a través de cuatro millones de años, 70.000 millones de hombres y 200.000 generaciones, a mi modo de ver, es otro humanismo, éste universal, el que se encuentra a la vuelta de la esquina. Y resulta evidente que la prehistoria desempeña un papel considerable en este renacimiento del final de nuestro milenio. Apareció tímidamente en el siglo XVIII y hubo que esperar al primer tercio del siglo XIX —el descubrimiento del primer fósil humano en Engis, Bélgica, por el doctor Schmerling, hace exactamente ciento cincuenta años y la demostración de la contemporaneidad de los hombres y los animales antediluvianos por Boucher de Perthes en 1836— para que la idea de prehistoria se impusiera. Y después, poco a poco, a través de los descubrimientos, el hombre se mostró cada vez más antiguo, su historia antes de la historia cada vez más compleja, y se abrió, no sin reticencias, nuestro campo de investigaciones. En efecto, fue necesaria una buena y a veces larga batalla en cada descubrimiento de hombre fósil para que paleoantropología y prehistoria ganaran sus galones; no estábamos más preparados para admitir este grosor del pasado que esta sucesión de cabezas, el peso de cuyos rasgos nos chocaba; no podemos olvidar los calificativos de bárbaro, salvaje, patológico, retrasado mental, rudo y desfavorecido atribuidos al hombre de Neandertal, que un anatómico alemán incluso había considerado como un artrítico que había recibido golpes en la cabeza; el pitecantropo tampoco escapó, puesto que, desde gibón gigante hasta orangután, se le llamó de todo menos hombre. En cuanto al australopiteco, se consideró durante mucho tiempo como un pariente extinguido del chimpancé, o mejor, como un chimpancé deformado. Los propios medios científicos eran víctimas inconscientes de este estado de ánimo y rechazaban el problema para retrasar la solución; se decía, no es él, es otro; no es aquí, es en otra parte; ¡los ingleses llamaban a este periodo *«the overthe-*

re school of Prehistory»! Pero las cosas se pusieron tranquilamente en su lugar; de manera progresiva, se admitió que el neandertal, el pitecantropo y el australopiteco representaban con claridad a los miembros en sucesión inversa de nuestra propia familia. Y después de veinte años, como acabamos de ver, la extraordinaria aceleración de las investigaciones y los descubrimientos, los inmensos avances de los métodos de datación, los no menos increíbles de la biología molecular, los trabajos menos espectaculares, pero también insidiosos, de la etología, dejan cada vez menos dudas, incluso a los más escépticos, sobre la manera en que hay que decidirse a escribir la historia. Por otra parte, la influencia de la paleoantropología y de la prehistoria sobre el pensamiento de este siglo ha sido tanto más importante cuanto que no ha hecho más que afianzarse de descubrimiento en descubrimiento, y la última etapa, de la que nuestra lección ha querido dibujar los grandes rasgos, ha sido decisiva. ¿Cómo podríamos, impunemente, declarar ahora sin cesar y por todas partes que el hombre procede del mundo animal, que los gorilas y los chimpancés son incontestablemente nuestros parientes más cercanos, que tenemos, todos, el mismo origen y que compartimos pues, todos, el mismo peso de historia, que nacimos en África, perfectamente adaptados al mundo de los trópicos, y que somos lo que somos un poco porque hubo mucha sequía allí donde estábamos y porque desarrollamos ese epifenómeno extraño, prolongación de nuestro cuerpo, que llamamos cultura, cómo podríamos pues declarar todo esto sin acabar por transformar profundamente la manera de pensar al hombre? Y mientras se suceden los milenios y se añaden sin cesar nuevas formas humanas, artesanos de nuevas culturas, las ciencias de lo infinitamente pequeño derriban los últimos tabiques entre lo que se había llamado «razas»; ya no hay solución de continuidad entre los hombres de la Tierra, de la misma manera que no la hay entre los hombres fósiles. La humanidad, tanto en el tiempo como en el espacio, adquiere así, desde hace unos años, el aspecto de una extraordinaria unidad, enriquecida por sus diferencias individuales, poblacionales y culturales.

En esta admirable Institución, surgida, en pleno siglo XVI, del gran humanismo del Renacimiento, permítanme confesarles mi entusiasmo y mi emoción al poder participar, desde esta tribuna, en la elaboración, paso a paso, de esta nueva comprensión del hombre en toda la amplitud de su acepción.

1
Primer recorrido
De los primates a *Homo sapiens*

1983-1984
Los homínidos antes del hombre

La lección inaugural, pronunciada el 2 de diciembre de 1983, se elaboró de forma cronológica: primero, un homenaje a los grandes predecesores de la cátedra, el padre Breuil, profesor del Collège de France de 1929 a 1947, el padre Teilhard de Chardin, invitado en 1948 para sustituir a Henri Breuil, pero obligado a rechazar la candidatura por su orden, y André Leroi-Gourhan, profesor del Collège de France de 1969 a 1982; después un intento de demostración del extraordinario crecimiento de las disciplinas paleoantropológicas y prehistóricas en veinte años, gracias al desarrollo y las aplicaciones de numerosas técnicas nuevas y gracias al despliegue consecutivo de múltiples alianzas con numerosas otras ciencias; finalmente, los principales resultados científicos y filosóficos: cómo se cuenta ahora la historia del hombre y cómo parece influir este relato en el pensamiento contemporáneo, hasta el punto de hacer surgir en este cambio de milenio una especie de nuevo humanismo.

Después de la lección inaugural, el curso se propuso hacer captar a los oyentes el impulso zoológico y paleontológico que parecía necesario poseer para abordar el estudio del hombre. Se trataba de colocar al hombre en la clasificación zoológica, de definir, por consiguiente, a los primates y de estimar su importancia y su diversidad en el tiempo y en el espacio. Así armado, el curso podía pisar los talones al movimiento evolutivo, lo cual hizo, a partir de finales de la era secundaria; y ocho lecciones lo condujeron a través de 70 millones de años, hasta las inmediaciones del cuaternario.

Esta perspectiva paleontológica no solamente estaba destinada a hacer comprender la dimensión esencial del tiempo, sino que tenía también por objeto hacer percibir, a lo largo de las descripciones, la gran antigüedad de muchos rasgos considerados a menudo como estrictamente humanos: el desarrollo del cerebro en volumen y en complejidad, por ejemplo, y el desarrollo consecutivo de la vida social, la mejora constante de la mímica facial y de la vocalización, la oponibilidad del pulgar, etcétera. Esta propensión a servirse de las manos o de comunicarse en realidad se había esbozado hacía más de cincuenta millones de años.

La historia de los primates se escribe en tres fases: la primera, la única que no ha llegado hasta nosotros, es europea y norteamericana, en el cretáceo, paleoceno y eoceno (70 a 35 millones de años); la segunda, europea y norteamericana, y después asiática y africana, tiene una antigüedad de una cincuentena de millones de años y todavía está representada por pequeñas formas en África y en Asia; la última ha conquistado el mundo entero, también tiene una antigüedad de una cincuentena de millones de años y está representada actualmente por los pequeños társidos de Asia tropical, pero también por todos los monos del Viejo y el Nuevo Mundo, y por los hombres.

Este ascenso al nivel de la paleontología nos obligó a exponer lo que es la manera principal de actuar de esta ciencia, la anatomía comparada, y lo que es su mirada esencial, el dinamismo evolutivo; el paleontólogo sólo estudia una pieza fósil en la perspectiva de lo que ha podido ser y de aquello en lo que ha podido convertirse, al mismo tiempo que valora sus relaciones y sus diferencias con las demás piezas comparables conocidas; por otra parte, desde el primer ejemplo, tuvimos que hablar de paleogeografía, de tectónica de placas, del movimiento de las tierras y de los mares, de transformación de temperaturas y de climas, de los medios y los paisajes; los primeros primates, arborícolas y tropicales como la gran mayoría de los primates, son en efecto europeos y norteamericanos, porque América del Norte y Europa eran en aquel entonces un solo continente, separado de todos los demás y situado en una posición latitudinal diferente de la que estos continentes ocupan hoy.

El primer suborden, totalmente fósil, es el de los plesiadapiformes, notablemente ilustrado en Francia por los *Plesiadapis* del paleoceno superior de la región de Reims; son los primeros, entre los mamíferos euterios, que colonizaron el medio arbolado; todavía tienen garras, un largo hocico, una dentadura de 44 dientes, ausencia de pulgar oponible y ausencia de barra postorbitaria, pero presentan una ampolla timpánica de origen petroso y un cerebro más grande que el de los mamíferos que les son contemporáneos.

El segundo suborden, el de los estrepsirrinos, que empieza con los adapiformes como el *Adapis* de Montmartre para llegar a los lemuriformes actuales de África continental, de Madagascar, de las Comores y de Asia tropical, ya ofrece la oponibilidad del pollex y del hallux, una barra postorbitaria y una reducción de la dentadura (40 dientes en *Adapis),* al mismo tiempo que conserva el rinario, la mucosa húmeda de la punta de la nariz.

Finalmente, el tercer suborden, el de los haplorrinos, nos interesa especialmente porque nos engloba. A su vez, está compuesto por dos grandes infraórdenes, los tarsiiformes, los últimos primates primitivos, y los simiiformes, que incluyen a todos los primates evolucionados o superiores, también llamados monos en sentido estricto. Los tarsiiformes, diferenciados quizá de los simiiformes debido al aislamiento del norte del mar de Tetis y representados por la familia extremadamente diversificada de los Omomydae norteamericanos y eurasiáticos, para empezar, y después por la todavía contemporánea de los Tarsiidae del sudeste asiático, muestran, a partir del eoceno, un interesante desarrollo de su cociente de encefalización, superior al de los demás mamíferos de la época, una cara corta bajo este cráneo cerebral agrandado, una vista mejorada por la frontalización de las órbitas, al mismo tiempo que una ausencia de rinario y un cierre casi completo de la parte posterior de las órbitas. Por otra parte, el pequeño tarsio actual presenta una fascinante correlación mecánica entre el desarrollo de su caja craneana, su frecuente posición vertical de reposo y la migración bajo el cráneo del *foramen magnum,* lo cual no deja de recordarnos la mecánica humana.

El aislamiento eocénico del continente africanoárabe podría, pues, ser el responsable de la diferenciación de los simiiformes o Anthropoidea; a partir de esta base, estos numerosos primates se diversifican y se extienden, llegan a América del Sur a finales del eoceno en trozos de madera flotantes impulsados a través de un océano Atlántico menos ancho de lo que es hoy y, cuando en el mioceno África entra en colisión con Eurasia, utilizan este corredor para penetrar con éxito en este nuevo continente. En América del Sur, estos inmigrantes dan origen a un grupo muy original, los platirrinos, que conservan una importante proporción de caracteres primitivos (tres premolares, por ejemplo), al mismo tiempo que «inventan» caracteres que les son totalmente propios (cola prensil, por ejemplo). Mientras tanto, en África y más adelante en todo el Viejo Mundo, se constituye otro grupo, el de los catarrinos, que intentará desarrollarse en dos direcciones, la de los monos pequeños con cola (los Cercopithecoidea) y la de los grandes simios sin cola (los Hominoidea).

Evidentemente, estos últimos son los que nos interesan, puesto que ellos son los que, en 30 millones de años, darán lugar al hombre, a través de un recorrido de formas que se clasifican en familias, entre las que se sitúa la familia de los homínidos.

En este momento, se trata de definir lo que constituía el concepto de homínido. En efecto, sus acepciones son diversas, puesto que van de la idea de una familia muy generosa (que incluye la subfamilia de los Hylobatinae [gibones], la de los Ponginae [Pongini, como el orangután o el chimpancé, Dryopithecini, Sugrivapithecini como el *Sivapithecus* o el *Gigantopithecus]* y la de los Hominidae [Frederick Szalay y Eric

Delson]) a la idea de una familia que sólo comprende a los hominoideos bípedos (australopitecos y hombres), el último término de la concepción precedente (Yves Coppens), pasando por clasificaciones intermedias, la de Robert Hoffstetter, por ejemplo (que sólo saca de los rasgos de una familia a los Hylobatidae del conjunto tal como lo presentan Szalay y Delson, pero que integra a los Panini [gorilas y chimpancés] en los homínidos, contrariamente a los Ponginae [orangutanes]) o la de Elwyn Simons, que retira Hylobatidae y Pongidae (estos últimos incluyen a la vez Ponginae y Paninae). La clasificación adoptada aquí admite, en el rango de familias, a los Hylobatidae, los Pongidae y los Panidae, como por otra parte a los Pliopithecidae, los Dryopithecidae, los Ramapithecidae y los Oreopthecidae, reduciendo a los Hominidae a su definición más estricta.

Por tanto, los primeros Hominoidea aparecen en África hace aproximadamente 35 millones de años, en el famoso yacimiento de El Fayum, en Egipto. Por otra parte, el primero recibe el nombre de *Aegyptopithecus;* es un fósil importante porque, así colocado en la base de la superfamilia, ya debe presentar una serie de rasgos que son como tendencias hacia lo que serán nuestros propios rasgos. En efecto, este egiptopiteco, a pesar de muchos aspectos primitivos (un hocico marcado, una cola, ausencia de conducto auditivo externo, etcétera), muestra un cerebro cuya estructura parece haber cambiado (desarrollo del lóbulo frontal, expansión de las áreas visuales); si estas observaciones son buenas, su significado puede ser fundamental, pues podría tratarse de la primera adaptación (en este caso a un medio que pasa de húmedo de forma permanente a estacional) por cambios en el sistema nervioso central, adaptación cargada, al revés que una especialización, de una gran flexibilidad de transformación. Quizás a las «iniciativas» de este monito, cuadrúpedo y arborícola, frugívoro y social, debemos lo esencial de lo que ha constituido nuestro éxito.

El posible descendiente de este primer hominoideo (clasificado en los Pliopithecidae) podría ser el *Proconsul* (clasificado en los Dryopithecidae) que encontramos hace 22 millones de años en Kenia o en Uganda, también cuadrúpedo y arborícola, pero ahora sin cola y con un conducto auditivo externo, que presenta una diversidad de especies, del *Proconsul africanus* al *Proconsul major,* del tamaño de un gibón al de un gorila pequeño, lo cual traduce un evidente éxito. Por otra parte, como el choque de los continentes africano y eurasiático se produce durante su existencia, le corresponderá a él la conquista de Eurasia. Y en efecto, con los rasgos apenas diferentes de Dryopithecus, lo encontramos de Francia a China. Además, es interesante ver, en el estudio del *Proconsul,* hasta qué punto los avances de los métodos de datación y de la teoría de placas clarificaron de repente este episodio de nuestra historia; driopitecos y procónsules se habían aproximado por su anatomía desde hacía largo tiempo, pero sus relaciones en el tiempo y en el espacio no se habían establecido nunca claramente; la determinación de la edad del choque de las placas araboafricana y asiática fijada en 17 millones de años y la constatación de la preexistencia de los procónsules a este suceso, cuando ningún driopiteco eurasiático supera esta edad, organizan ahora sin problemas el orden de sucesión de los seres y el sentido de sus migraciones.

Los driopitecos de Eurasia, muy diversificados, desempeñaron un papel importante en la historia de las ciencias de nuestros orígenes; fueron descubiertos en 1856 en Europa (en este caso, en Francia, en Saint-Gaudens) y su estudio se vio tanto más impulsado cuanto que sus relaciones con los grandes simios y el hombre no escaparon a los primeros paleontólogos.

A estos driopitecos les seguía en Eurasia una gran variedad de formas, descendientes de los driopitecos en la propia Eurasia, o descendientes de los procónsules en África e inmigrantes recientes; son los ramapitecos, sivapitecos, grecopitecos, rudapitecos, bodvapitecos, uranopitecos, gigantopitecos y oreopitecos, todos ellos caracterizados, salvo los últimos, por la adquisición de caracteres que parecen ligados a una vida menos totalmente arborícola y a una alimentación que se resiente de ello, con esmalte que se engruesa, caninos que se reducen, premolares que se molarizan, molares que crecen, cara que se acorta, etcétera; en resumen, un ensanchamiento de la superficie masticatoria, asociado a un refuerzo del esmalte y a un desarrollo de un conjunto cortante, junto con una disminución de la cara, que traducen una cizalladura eficaz y una trituración potente, signo de una alimentación fibrosa que parece haber sido tomada de la tierra. Dado que muchos de estos rasgos se parecen a los de los homínidos y que en paleontología nunca se sabe muy bien si las semejanzas son una indicación de parentesco o simplemente de convergencia (evolución comparable ante la necesidad de adaptación a un mismo medio y a un mismo régimen), se quiso convertir a estos fósiles, uno después del otro, en los antepasados privilegiados del hombre. Después del largo proceso habitual de estudio, todos, uno tras otro, fueron descartados de este destino, incluido el último, el ramapiteco, a pesar de ser hábilmente descrito en 1934 por G. Edward Lewis como «el más humano de los driopitecos» y revalorizado en 1961 por Elwyn Simons, hasta el punto de verlo figurar como homínido de pleno derecho, e incluso hominino, en numerosas clasificaciones, hasta en las más recientes.

Es cierto que el hominoideo que actúa hoy, en su lugar, como ancestro, el keniapiteco de Kenia, presenta aproximadamente las mismas características que el ramapiteco eurasiático; por otra parte, a veces se ha clasificado en el propio género *Ramapithecus*. Pero la eliminación de todos los pretendientes eurasiáticos, ramapitecos y sivapitecos, que parecían más relacionados con la ascendencia del orangután, hizo que nos volviéramos de nuevo hacia África en la búsqueda de nuestro origen, tanto más cuanto que, después de todo, el papel ancestral de África antes del establecimiento del puente África-Eurasia era reconocido por todos.

Y fue de nuevo África ecuatorial la que respondió a esta búsqueda, y lo hizo de dos maneras; la primera, ofreciendo, sobre todo hace veinte años, a los homínidos más antiguos que se conocen en el mundo (media mandíbula de ocho millones de años en las colinas de Samburu, en Kenia; un diente de 6,5 millones de años en Lukeino, en Kenia;[1] media mandíbula de 5,5 millones de años en Lothagan, en Kenia; media mandíbula de cinco millones de años, en Kaparaina, en Kenia; un extremo distal del húmero de cuatro millones de años en Kanapoi, en Kenia;[1] un fragmento de temporal de cuatro millones de años en Chemeron, en Kenia, e importantes colecciones de cientos de piezas de más de tres millones de años a menos de un millón de años, en Laetoli, Olduvai y Natron, en Tanzania, Chesowanja, el este y el oeste del Turkana, en Kenia, el Omo, Melka Kunturé y Afar, en Etiopía); y la segunda, recordando que era el territorio de los Panidae y los Panidae son los únicos a los que la biología molecular y la citogenética, después de la anatomía, la paleontología, la fisiología, la embriología y la etología, acababan de considerar como los Hominoidea con mucho más cercanos a los Hominidae, a pesar de los intentos periódicos de algunos investigadores de señalar las relaciones (evidentes) de los Hominidae con los Pongidae en sentido estricto (los orangutanes).

Ahora bien, a esta doble constatación se añade una tercera, no menos importante: los trabajos de media docena de expediciones internacionales en Etiopía, en Kenia y en Tanzania, es decir, varios centenares de personas varios meses al año durante veinte años, permitieron la recogida, entre otros datos, de cientos de miles de restos de vertebrados y, entre ellos, de centenares de restos de Hominoidea; ahora bien, todos estos Hominoidea, sin excepción, son Hominidae; ¿dónde están pues los Panidae? Por el momento, la respuesta es parcial, puesto que sólo tiene en cuenta a los Panidae vivos, ya que los Panidae fósiles todavía no eran conocidos: los Panidae están en África ecuatorial del oeste. Finalmente, cuando se inscribe en un mapa la distribución de unos y otros, Hominidae y Panidae, no es posible dejar de sorprenderse por el hecho de que las dos áreas obtenidas, bien delimitadas, se encuentren separadas por un accidente tectónico, el valle del Rift. De ahí la hipótesis medioambientalista del origen de los Hominidae, según la cual, a finales del mioceno, los ancestros comunes a los Hominidae y los Panidae vivían del océano Atlántico al océano Índico; el Rift, establecido en el oligoceno, experimentó entonces un periodo de gran actividad, periodo que se tradujo sobre todo por el levantamiento de toda la parte que se encuentra al este de la falla, el África oriental. Este levantamiento dio lugar a inevitables transformaciones del clima, al establecimiento de un régimen estacional, el de los monzones, y al consecutivo aclaramiento del paisaje. En esta hipótesis (Coppens, 1983), los Panidae representan a los descendientes de los ancestros comunes, cuya adaptación al medio arbolado no hizo más que mejorar, y los Hominidae serían los descendientes que tuvieron que adaptarse a un medio que los ponía al descubierto; muchas de las características de los Hominidae —enderezamiento del cuerpo, complicación del cerebro, transformación de la dentadura, organización de la sociedad, desarrollo de las comunicaciones, acondicionamiento de las herramientas— pueden interpretarse como respuestas (selecciones) a este medio que cambia.

Después se presentaron geológicamente los yacimientos de homínidos[2] más antiguos, primero esteafricanos y después sudafricanos, pues el primer despliegue de homínidos tuvo lugar hacia el sur. En efecto, es esencial no olvidar que la paleoantropología y la prehistoria recogen sus datos en los archivos del suelo, datos representados por los fósiles propiamente dichos, pero también por los objetos de sus alrededores, naturales y culturales, al igual que por los elementos que permiten la estimación de su edad.

Se estudiaron sucesivamente las secuencias estratigráficas de la cuenca del lago Baringo, en Kenia, del lago Turkana, en Kenia, y en Etiopía (el Omo), de la cuenca de Laetoli-Olduvai y Natron en Tanzania, de la depresión de Afar en Etiopía, de las cuevas de Sterkfontein, Makapansgat, Swartkrans, Kromdraai y Taung en Sudáfrica, en el orden de su deposición, confirmada por las estimaciones bioestratigráficas, paleomagnéticas y radioisotópicas.

El curso 1984-1985 se propone terminar este estudio de los homínidos antes del hombre con el examen detallado de los *Australopithecinae,* su anatomía, su taxinomía, su filogenia, su medio y su cultura.

1984-1985
Los homínidos antes del hombre (continuación)

Este curso es la continuación del impartido en 1983-1984 y lleva el mismo título; el año anterior, se trataba de retroceder de forma importante a fin de dar a la historia de nuestra familia la perspectiva paleontológica necesaria para la comprensión de su génesis; el curso terminó abordando el origen cladogenético peripátrico de los homínidos y la estratigrafía de los yacimientos más antiguos entre ellos.

Así pues, el curso 1984-1985 pudo entrar de lleno en el análisis de los documentos paleontológicos atribuidos a los homínidos antes del hombre; es decir, a la única subfamilia que precede al género *Homo,* la de los australopitecinos.[3] ¿Quiénes son estos homínidos? Un grupo perfectamente circunscrito en el tiempo (finales del mioceno, plioceno, pleistoceno inferior y medio) y en el espacio (África del este y del sur), y fascinante por la imagen que da de nuestra familia antes de nosotros o de la parte de nuestra familia que es a la vez contemporánea, pero diferente de los más antiguos de nosotros.

Una breve reseña histórica recuerda las circunstancias del descubrimiento del primer australopiteco, pisapapeles de la mesa de oficina de un cantero, y su primera descripción en 1925 por Raymond Dart, que no hizo la diagnosis. Los descubrimientos ulteriores de Robert Broom y John Robinson en Sudáfrica, de Louis Leakey, Richard Leakey, Francis Clark Howell, Donald Johanson e Yves Coppens en África del este permitieron a Wilfrid Le Gros Clark en 1955, Phillip Tobias en 1967, y Francis Clark Howell por una parte, y a Donald Johanson, Tim White e Yves Coppens por otra parte, en 1978, y a Yves Coppens en 1983 proponer diagnosis que fijaron la definición de la subfamilia de los australopitecinos, ratificando este nombre informal de australopiteco impuesto por el uso.

He dividido personalmente esta subfamilia en dos géneros, pre-*Australopithecus*[4] y *Australopithecus,* que se sitúan anatómica, cronológica y geográficamente uno después del otro, y uno con respecto al otro, a lo largo de estas lecciones.

Una reseña histórica permitirá una vez más evocar los diversos descubrimientos de pre-*Australopithecus* y la evolución de las investigaciones y las ideas referentes a este fósil. Excepcionalmente bien conocido por huesos de todas las partes del esqueleto, primero apareció en las publicaciones con el nombre de *Australopithecus afarensis,* Johanson, White y Coppens, 1978, con una diagnosis de especie basada desgraciadamente en material fósil procedente sobre todo de Hadar, en Etiopía, y en una mandíbula holotipo de Laetoli, en Tanzania; los trabajos realizados por mi equipo[5] mostraron después que esta diagnosis incluía probablemente dos formas fósiles, una arcaica y la otra casi moderna. Dado que la más arcaica de las dos compartía cierto número de rasgos con *Australopithecus* (en la pelvis y el miembro superior, por ejemplo), pero se apartaba de ellos por otros (en el miembro inferior, por ejemplo), y dado que esta forma más arcaica es aquí contemporánea de la menos arcaica y que también es contemporánea de *Australopithecus* (de Sterkfontein, por ejemplo, a 3000 kilómetros de allí), no hay más remedio que construir la filogenia de los homínidos como el dibujo de una espiga o de una cima. Pre-*Australopithecus* es el extremo de una rama a cuya base se conecta la rama de *Australopithecus* y esta última rama termina también en fondo de saco, mientras que la rama de *Homo* se conecta a su base.

A fin de justificar la realidad del taxón pre-*Australopithecus* y a fin de situarlo con respecto a los otros australopitecinos y los homínidos, los caracteres de este género se clasificarán en tres categorías, que a su vez se examinarán una después de la otra: la categoría de los caracteres de pre-*Australopithecus* que lo incluyen entre los homínidos, la de los caracteres que lo incluyen entre los australopitecinos y, finalmente, la de los caracteres especiales que lo incluyen en un género por derecho propio.

Los caracteres de homínido son esencialmente los relacionados con la posición de pie. Las huellas de pasos de Laetoli, que pueden atribuirse a pre-*Australopithecus,* revelan un contorno moderno, un hallux en aducción, una bóveda plantar marcada y un apoyo interno (mientras que los pánidos caminan en varo). Por otra parte, varios calcáneos recogidos en Hadar muestran un talón con dos tubérculos, menos marcados pero parecidos a los del talón humano. En cambio, los metatarsianos, así como las primeras y las segundas falanges, traducen dedos largos comparables a los de los grandes simios.[6] La pelvis tiene un ilion en presión, una región sacra reforzada, un ala iliaca desarrollada, un isquion corto y la disminución de la distancia entre la articulación sacroiliaca y la articulación de la cadera característica de todos los homínidos. Ahora bien, este acortamiento, que tiene la ventaja de disminuir el momento de rotación creado por el peso del cuerpo sobre la cadera, tiene la desventaja de reducir el tamaño de la cavidad pelviana, lo cual da lugar a un parto ventral o anteisquiático, contrariamente al de los grandes simios, que es dorsal o retroisquiático; el feto de pre-*Australopithecus,* como el de *Australopithecus,* tenía que realizar la misma rotación que el feto humano. Esta constatación de la aparición muy precoz del modo humano de parto señala sus vínculos con el bipedismo y no, como a menudo se ha escrito, con el aumento de tamaño del cerebro.

Los caracteres de los australopitecinos son muy numerosos y se reparten por todo el cuerpo: cráneo, dentadura, miembro inferior, miembro superior; citemos el pequeño tamaño del encéfalo, el dibujo de su irrigación, la tendencia de la cara a reducirse a la vez que se ensancha, la de los dientes malares a desarrollarse vestibulolingualmente, de los premolares y los molares de leche a molarizarse, del canino a reducirse; citemos el desarrollo del diámetro biacetabular de la pelvis, que da lugar a un aumento del ángulo iliopubiano y, al contrario, una reducción del ángulo isquiopubiano, el aplanamiento distal de la diáfisis del húmero, que por otra parte ofrece un surco bicipital estrecho y profundo, una cabeza esférica y un epicóndilo saliente; citemos también la tendencia de la *tuberositas ulnae* y de la *incisura trochlearis* del cúbito, como la de la tuberosidad y el cuello del radio, a hacerse largas y estrechas.

Finalmente, los caracteres propios de pre-*Australopithecus* que me incitaron a distinguirlo genéricamente se localizan tanto en el cráneo (fuerte proceso entoglenoideo de la articulación temporomandibular) como en el miembro superior (extremo distal del húmero con doble tróclea) o en el miembro inferior (epífisis distal del fémur inscrita en un rectángulo como el del chimpancé, al contrario de la de *Australopithecus* o de *Homo,* escotadura intercondílea más ancha que alta, proximidad excepcional de las espinas tibiales entre sí, etcétera).

Por otra parte, pre-*Australopithecus,* un homínido incontestable y un australopitecino seguro, parece claramente merecer su estatuto de género por la importancia cuantitativa y cualitativa de sus caracteres propios y por su contemporaneidad con el género *Australopithecus*. Existe una dificultad, la de distinguir entre estos caracteres propios los que son ancestrales, heredados, plesiomorfos (que se han llamado caracteres de chimpancés, pero que evidentemente son caracteres del ancestro común), de los que son nuevos, derivados, apomorfos y que hacen que pre-*Australopithecus,* ya especializado, ya no pueda ser considerado como el ancestro de las otras formas de australopitecos.

El segundo género estudiado es *Australopithecus*. Se revisaron todos los descubrimientos de este género por orden cronológico, con los respectivos nombres que se les atribuyeron, *Australopithecus africanus, Plesianthropus transvaalensis, Paranthropus robustus, Australopithecus prometheus, Paranthropus crassidens, Zinjanthropus boisei* y *Paraustralopithecus aethiopicus*. Hubo un intento de clasificación, que redujo este desmenuzamiento a un género y tres especies, *Australopithecus africanus* (Dart, 1925), *Australopithecus robustus* (Broom, 1938) y *Australopithecus boisei* (Leakey, 1959); por otra parte, estas tres especies representan un ejemplo muy bueno del filo que describe a la vez la historia de una especialización, de una apomorfia, y la de una evolución paralela. En efecto, se pasa de *Australopithecus africanus,*[7] en las dos provincias con australopitecos, a *Australopithecus robustus* en África del sur y a *Australopithecus boisei* en África del este. Se dieron las diagnosis de cada una de estas tres especies, acompañadas del inventario del material paleontológico que permitió realizarlas; el filo empezaría su recorrido hacia 2,5 millones a tres millones de años y lo terminaría hacia 1 a 1,5 millones de años en África del sur y 1,1 a 1,2 millones de años en África del este. A lo largo de este recorrido o, al menos, a lo largo de una parte de más de un millón de años, coexistieron dos homínidos en estas mismas regiones, el australopiteco y el hombre, dos géneros de una misma familia que representaban dos soluciones al mismo problema de la desecación del paisaje: el pequeño *Homo habilis,* con su gran encéfalo y su dentadura omnívora, y el poderoso australopiteco, con su rostro plano y ancho, su fuerte arco cigomático, su gran fosa temporal, su cresta sagital, sus enormes dientes malares y sus pequeños dientes anteriores de vegetariano.

Después, el curso abordó el muy interesante problema de la cultura de los australopitecos. Se presentaron desde el punto de vista tecnológico y cronológico las herramientas de hueso de África del sur (la cultura osteodentoquerática) y las herramientas de piedra sobre lascas del Omo en Etiopía (facies de Shungura) o del este del Turkana en Kenia (industria KBS), todas asociadas al australopiteco. ¿Quién talló realmente estas primeras herramientas del mundo? Para derribar los prejuicios que confunden al hombre biológico con el hombre filosófico y atribuyen como consecuencia la herramienta sólo al género *Homo,* se propuso ampliar el debate y hablar de homínidos cuando se hable de herramientas.

Por último, para concluir este curso, se trataron los problemas medioambientales de los australopitecos, y el ejemplo que se dio para mostrar la evolución del medio ambiente fue el del valle del Omo, en Etiopía. La secuencia sedimentaria del Omo, que ilustra de manera continua —es el único yacimiento que lo hace— el periodo comprendido entre un poco más de cuatro millones y un poco menos de un millón de años, ofrece en efecto, *in situ,* cinco homínidos: pre-*Australopithecus afarensis, Australopithecus africanus, Australopithecus boisei, Homo habilis* y *Homo erectus*. Ahora bien, el estudio de la evolución de su medio a través de la paleontología cualitativa (proboscidios, Equidae, Rhinocerotidae, Suidae, Bovidae, Hippopotamidae, carnívoros, primates y roedores), la paleontología cuantitativa, las asociaciones fáunicas, la palinología y los planos leñosos revela un aclaramiento progresivo del paisaje a partir de tres millones de años, una desecación muy sensible hacia 2,3-2,4 millones de años[8] y un enfriamiento alrededor de 1-1,2 millones de años. *Australopithecus* parece sustituir a pre-*Australopithecus* ante la primera oscilación térmica; *Australipithecus boisei* y *Homo habilis* se desarrollan claramente en el momento en que se produce la segunda. *Homo erectus* sustituye a *Homo habilis* finalmente cuando tiene lugar la tercera.

Así termina la historia de los homínidos antes del hombre. Comprobamos la extrema importancia de la separación homínidos-pánidos y lo que debe al medio. Después, vimos el desarrollo de los prehumanos y, con ellos, el enderezamiento del cuerpo, el desarrollo del encéfalo, primero cualitativamente y después cuantitativamente, el establecimiento de una dentadura para comer de todo e incluso la aparición de herramientas trabajadas.

El hombre, caracterizado por una posición más erecta (aunque ya la hubiera adquirido), una dentadura de omnívoro (aunque ya estaba preparada), un encéfalo más grande y mejor irrigado (aunque ya se estaba desarrollando), unas herramientas permanentes y abundantes (aunque ya se habían inventado) aparecerá hace tres o cuatro millones de años a partir de ciertos australopitecos, seleccionado a su vez por un cambio climático brusco. Será el tema del curso del año 1985-1986.

1985-1986
Los primeros hombres

Este curso es el tercero de un ciclo de cinco años[9] que se propone recorrer la historia del hombre en el sentido del tiempo y con una amplia perspectiva paleontológica. Después de considerar, dos años antes, con el título de «Los homínidos antes del hombre», el vasto ámbito de los primates, descendiendo por su jerarquía clasificatoria —orden, subórdenes, infraórdenes, parvórdenes, superfamilias, familias y subfamilias—, el objeto del curso de este año y el de los cursos de los próximos dos años será la subfamilia de los Hominidae, en este caso su único género, el género *Homo*.

El género *Homo* fue creado por Carl von Linné en 1755 en su famoso *Systema naturae,* pero sin diagnosis. Dado que este género nos representa y, por consiguiente, es portador de múltiples rasgos de naturaleza puramente filosófica, ha reinado y sigue reinando actualmente una gran confusión en sus intentos de definición. Para algunos, el hombre sólo puede definirse por su conciencia reflexiva; para otros, la organización de su sociedad es lo que lo caracteriza. Para otros, se trata de las herramientas, o bien del lenguaje, que por otra parte puede asociarse a los otros tres elementos citados; para otros, la continuidad evolutiva es tal que la noción de «primeros hombres» no tiene sentido; para otros, que se basan en los anteriores, la solución consistiría en fijar arbitrariamente un volumen de capacidad encefálica o una edad geológica para situar el comienzo del género *Homo,* etcétera. El aumento considerable de los datos paleoantropológicos y prehistóricos permite hoy aportar algunas respuestas a este problema:

1.º Dado su conocimiento de la evolución diferencial de los caracteres, al paleoantropólogo le parecía estadísticamente muy improbable que conciencia reflexiva, organización social, lenguaje y herramientas hubieran aparecido al mismo tiempo; el descubrimiento de las herramientas asociadas a los homínidos antes del hombre y el del comienzo, en una especie de hombre que no es la primera, de la transformación del sistema respiratorio que comporta el descenso de la laringe y su utilización secundaria en el lenguaje articulado son, por otra parte, inicios de pruebas. Frente a todos estos desfases, nos vemos tentados a decir que *el hombre no cesa de aparecer;* quizás es la definición filosófica más insólita que se pueda proponer.

2.º No obstante, morfológicamente, los restos fósiles atribuibles al mismo género del que nosotros representamos una especie se desmarcan muy bien de los otros restos de homínidos fósiles, lo cual permite proponer una diagnosis anatómica rigurosa del género *Homo*. Sólo se puede definir al hombre biológicamente.

Pero veamos cómo se desarrolló la historia del descubrimiento de los que son hoy los primeros hombres que conocemos. En dos artículos sucesivos de *Nature,* con fechas del 17 de diciembre de 1960 y 25 de febrero de 1961, Louis Leakey anunciaba el descubrimiento en Olduvai, Tanzania, de restos fósiles de homínidos a la vez más antiguos y más evolucionados que los de los australopitecos (llamados zinjantropos) recogidos en 1959 en el mismo yacimiento; después, en dos nuevos artículos publicados ambos el 4 de abril de 1964 en la misma revista, Louis Leakey daba a conocer, por una parte asociado a su esposa Mary, nuevos restos atribuibles a este homínido y después, asociado a Phillip Tobias y a John Napier, declaraba, por otra parte, que consideraba el conjunto de estos restos como atribuible al género *Homo* y daba un nombre, *habilis,* y una diagnosis a esta nueva especie, que además era la más antigua conocida de nuestro género. Era a la vez un gran descubrimiento y una gran fecha en la historia del conocimiento de la historia del hombre y de su definición; en efecto, estos tres últimos autores, enfrentados a cierto número de caracteres nuevos, tuvieron que proponer una nueva definición del hombre.

Dos rasgos principales, entre estos caracteres, parecen haberles llamado especialmente la atención: la configuración del conjunto de la dentadura y las proporciones de los dientes, por una parte, y el volumen, en todas sus dimensiones, de la caja craneana, por otra parte.

En efecto, la dentadura se muestra más grácil en su conjunto que la de los australopitecos, las relaciones entre la batería de dientes anteriores y las series de dientes malares, más en armonía, los primeros más fuertes respecto a los segundos, y los segundos más reducidos; en cuanto a los dientes malares, son a la vez más largos y más estrechos que los de los australopitecos (diámetro mesiodistal mayor, diámetro vestibulolingual menor, índice de forma más elevado). Los molares de *Homo habilis* son, pues, intermedios entre los de *Australopithecus* y los de *Homo erectus*. Finalmente, parece que se observa una reducción del tamaño, aunque muy ligera, del segundo y tercer molar en *Homo habilis,* un carácter afianzado en *Homo erectus* y *Homo sapiens,* mientras que lo contrario es la regla en todos los *Australopithecus*.

Para el volumen endocraneal, la cuestión es más delicada; en cualquier caso, es de una observación menos directa e inmediata. Para estimar este volumen, Phillip Tobias se lanzó a un ensayo de medida cuya demostración es interesante recuperar. En efecto, las piezas descubiertas de las que se determinó el tipo y que serían utilizadas sólo son un par de escamas parietales inmaduras; la primera operación consistió en realizar el molde endocraneal de la fracción de volumen que recubre los dos parietales en parte reconstituidos y ensamblados; después, mediante simples medidas de desplazamiento de agua, se estimó rápidamente el volumen de este mol-

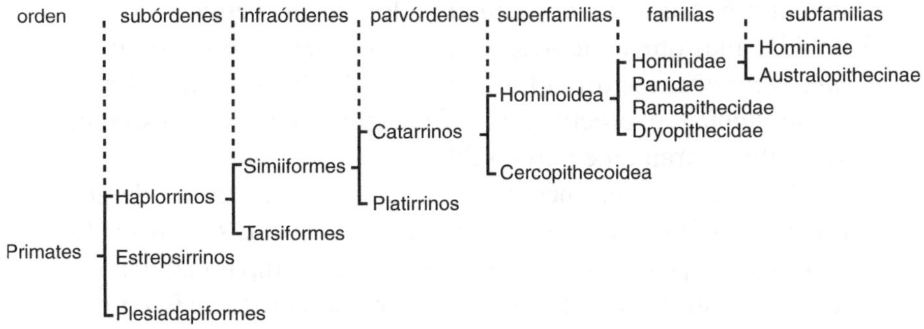

Clasificación utilizada durante este curso.

de parcial. Las comparaciones con algunos moldes endocraneales completos de varios homínidos fósiles condujeron a continuación a cuantificar la fracción del conjunto que representa este volumen biparietal; entonces se llegó a una estimación de lo que pudo ser la capacidad endocraneal total de este joven *Homo habilis* tipo (OH 7). Pero también era conveniente buscar, en la ontogénesis, lo que podía representar este volumen con respecto al volumen del adulto, estimando la edad del individuo, por supuesto según criterios modernos, con la ayuda de la situación dentaria. Según cierto número de estudios referentes al crecimiento, se sabe que, a esta edad en cuestión, el encéfalo ha alcanzado cierto porcentaje de su desarrollo definitivo. Basta con añadir, al valor obtenido anteriormente del volumen endocraneal total extrapolado, el porcentaje que le falta para convertirse en adulto y se llega a una cifra del volumen del cerebro de *Homo habilis,* que evidentemente hay que manipular con mucha prudencia, pero que revela de inmediato su evidente superioridad sobre los valores obtenidos por los endocráneos de australopitecos.

Esta operación se repitió con otros tres cráneos fósiles de Olduvai atribuidos a *Homo habilis,*[10] OH 13 (paratipo), OH 16 y OH 24, y con dos cráneos del yacimiento del este del Turkana atribuidos a la misma especie, KNM ER 1470 y KNM ER 1813, y el resultado, muy demostrativo, es el siguiente: 645 cm^3 de capacidad endocraneal media, es decir, un 43% más que la de *Australopithecus africanus —«a quantum jump ahead»,* dijo Phillip Tobias. Por lo tanto, a partir de *Homo habilis,* el crecimiento del encéfalo, relativo y absoluto, se vuelve claramente perceptible.

Jerison propone medir este crecimiento en forma de aumento de células nerviosas, método que puede ser criticado pero que proporcionó, aplicado de manera comparada, una interesante estimación cifrada del desarrollo cortical: *Homo habilis* presenta, según estos cálculos, de 5200 a 5400 millones de células suplementarias, mientras que *Australopithecus africanus* tiene 4300 millones, *Australopithecus boisei* 4200, *Homo erectus* de 5700 a 8400 millones y *Homo sapiens* de 8400 a 8900 millones.

Por tanto, en 1964, se impuso una nueva diagnosis del género *Homo* a Louis Leakey, Phillip Tobias y John Napier; después, con motivo de la edición en 1978 por Herbert Basil S. Cooke y Vincent Maglio de un volumen colectivo sobre los mamíferos fósiles de África, Francis Clark Howell, en un excelente artículo de síntesis sobre los Hominidae, debía retomar y modificar ligeramente esta definición. Por último, en 1980, para un coloquio internacional del Centre National de la Recherche Scientifique (CNRS), titulado «Los procesos de la hominización», donde me pidió que hablara sobre el origen del género *Homo,* redacté yo mismo otra diagnosis que, por supuesto, retomaba ampliamente los términos de las dos anteriores, pero que también las transformó un poco para incluir piezas de al menos tres millones de años que mi equipo y yo mismo habíamos atribuido a este género: *el hombre había crecido un poco más*. He aquí esta diagnosis, la más completa, puesto que es la última.

Un género de homínido que se distingue por las siguientes características: estatura y peso del cuerpo mayores, a menudo incluso mucho mayores, que en *Australopithecus;* miembro inferior más largo y miembro superior probablemente relativamente más corto que en *Australopithecus;* esqueleto de los miembros y de las cinturas perfectamente adaptado a la posición de pie y a la marcha bípeda; mano capaz de una prensión perfecta, potente y precisa, con pulgar oponible bien desarrollado; volumen endocraneal en promedio superior al de las especies de *Australopithecus,* aunque la parte inferior de la variación de *Homo* se superpone a la superior de *Australopithecus,* pero alcanza a veces, en las especies sucesivas, de dos a tres, e incluso cuatro veces el valor mínimo (esta capacidad es, como promedio, grande con respecto a la talla y se sitúa entre 500 cm^3 en algunos individuos de la especie más antigua y más de dos mil cm^3 en algunos individuos de la especie contemporánea); cambios importantes en las proporciones cerebrales, sobre todo en lo referente al desarrollo de las regiones parietal y temporal superior; desarrollo de la bóveda craneana en relación con el aumento del volumen del cerebro; frontal progresivamente abombado y escamas parietal y temporal mayores; líneas temporales superiores raramente cercanas al plano sagital medio, sin formar nunca una cresta sagital; constricción postorbitaria reducida; región supraorbitaria variable, desde un rodete macizo y saliente hasta una ausencia completa de superestructura que hace a esta región perfectamente lisa; área de la nuca más pequeña que en *Australopithecus* y progresivamente reducida, al mismo tiempo que cambia la curvatura del occipital y se reduce el torus en las especies sucesivas; cóndilos occipitales situados relativamente hacia delante en la base del cráneo; esqueleto facial reducido, de moderadamente prognato a ortognato, pero nunca cóncavo y pequeño con respecto al neurocráneo; arco cigomático de estructura ligera; fosas temporales de tamaño variable pero tan grandes como en *Australopithecus;* borde inferior de la abertura nasal nítido; dientes anteriores del maxilar en curva parabólica, generalmente sin diastemas pronunciadas; mandíbula con contorno interno en U; cuerpo mandibular menos alto y menos robusto que en *Australopithecus* (raíces dentarias más pequeñas); sínfisis, hacia atrás o proyectada, con tendencia progresiva a la reducción del plano alveolar y al desarrollo de una eminencia mentoniana; arcada dentaria redondeada sin diastemas; incisivos y caninos no muy pequeños con respecto a los premolares y los molares; dientes, en general, y premolares y molares, en particular, no desarrollados vestibulolingualmente, como ocurre en *Australopithecus;* caninos con corona de tamaño pequeño a moderado, con desgaste que va de la parte superior hacia abajo y que no se superpone, o poco, después de los primeros estadios de desgaste; primer premolar inferior bicúspide con tendencia a la reducción de la cúspide lingual y a la formación de una raíz única; segundo premolar inferior no molarizado como lo está en *Australopithecus;* tamaño variable de los molares, pero, en general, pequeño con respecto al tamaño de sus homólogos en *Australopithecus;* tendencia a la reducción del tercer molar, así como a la reducción de las cúspides y los restos de cíngulo, y a la simplificación de los esquemas de los surcos; último molar superior generalmente más pequeño que el segundo y a menudo también que el primero; tercer molar inferior a veces sensiblemente más grande que el segundo; primer molar inferior de leche incompletamente molarizado.

Cuando se buscan, entre las piezas fósiles ya descritas y nombradas, documentos susceptibles de ser comparados, aproximados e incluso atribuidos a *Homo habilis,* sorprende la amplia distribución que pueden tener. En cualquier caso, África oriental ofrece los más antiguos y sin duda los más incontestables; citemos los yacimientos ya mencionados de Olduvai, en Tanzania *(Homo habilis* aparece allí en las capas datadas de 1,6 a 2,0 millones de años), de Kanapoi[11] (alrededor de 3,0 millones de años) y de Koobi Fora (lago Turkana) *(Homo habilis* se encuentra allí entre 1,8 y 2,0 millones de años) en Kenia, de Hadar[11] (alrededor de 3,0 millones de años) y del Omo *(Homo habilis* entre 1,6 y 2,0 millones de años) en Etiopía. Las piezas actualmente atribuidas a *Homo habilis* en los yacimientos mencionados anteriormente proceden todas de excavaciones recientes, posteriores a 1961. Todas estas piezas se revisaron, una a una, en el curso, sobre todo las más antiguas, aquellas que no todos los paleoantropólogos aceptan como pertenecientes a *Homo habilis,* y se describieron sus rasgos comparativamente a sus homólogos en *Australopithecus* o en las otras especies del género *Homo.* Pero también se podrían citar, para la historia, algunas buenas aventuras de descubrimientos de hombres fósiles de antigüedad dudosa que hicieron que Louis Leakey defendiera durante mucho tiempo, y con datos falsos, la idea de la verdadera gran antigüedad del género *Homo;* por ejemplo, el descubrimiento en Olduvai, en 1913, por el alemán Hans Reck, de un esqueleto de *Homo sapiens* (OH 1) que consideraba asociado a una fauna del pleistoceno inferior (1,6 a 1,7 millones de años), lo cual confirmaron Hans Reck, Louis Leakey y Arthur Tindell Hopwood, sobre el terreno, en 1931, y después invalidaría la puesta en evidencia de la existencia de una sepultura de este esqueleto, efectivamente excavada en el pleistoceno inferior, pero datada en solamente 17.000 años. O el descubrimiento en 1932, en Kanam, a orillas del lago Victoria, en Kenia, por un asistente keniata de Louis Leakey, en unas condiciones estratigráficas inciertas, de una mandíbula humana sorprendentemente moderna en su apariencia, ¡pero que este último describió con el nombre de *Homo kanamensis* como el fragmento más antiguo de verdadero *Homo* jamás descubierto en el mundo!

África meridional ha desempeñado también un papel importante en la historia de la idea de la gran antigüedad del hombre. En 1949, John Robinson descubre en Swartkrans lo que Robert Broom y él mismo describirán como un nuevo tipo de hombre, al que llamarán *Telanthropus capensis.* En realidad, este primer documento de Swartkrans sólo tenía 500.000 años, mientras que otros, efectivamente atribuibles al género *Homo,* se extraerían más tarde de las capas más antiguas de Swartkrans datadas en 1,5 millones de años, donde por otra parte son perfectamente contemporáneas de *Australopithecus robustus.* En Sterkfontein, el descubrimiento en

1956 de piedras talladas relanza el interés por el yacimiento (esta cueva de australopitecos se conoce desde 1930); la capa 5, datada de 1,5 a dos millones de años y contemporánea de la capa más antigua de Swartkrans, proporciona, en 1976, una parte importante de un cráneo característico de *Homo habilis*.

Muy interesantes y siempre enigmáticos son algunos fósiles de Extremo Oriente atribuibles a formas humanas incontestablemente más arcaicas y aparentemente más antiguas que *Homo erectus;*[12] son las piezas (o algunas de ellas) atribuidas por Ralph von Koenigswald a *Homo modjokertensis* en Java en 1936, a *Paranthropus palaeojavanicus* en Java en 1953, a *Hemianthropus peii* en China en 1957 y después por Gao Jian a *Australopithecus* sp. en China en 1975. Es posible que haya un *«habiline grade»* en estos niveles asiáticos muy antiguos, de 1,6 a 1,8 millones de años, lo que Sastrohamidjojo Sartono llamaba, en 1981, un *Homo palaeojavanicus sangiranensis* seguido de un *Homo paleojavanicus modjokertensis,* ambos anteriores a *Homo erectus trinilensis* y *Homo erectus ngandongensis.* Yo propongo, para explicar las particularidades anatómicas (sobre todo el extraordinario grosor de la bóveda craneana), un paso África-Asia antiguo para que haya habido tiempo de producirse esta evolución del extremooriental tan especial.

Europa y África del norte todavía no han proporcionado restos óseos de estos periodos antiguos de finales del plioceno y principios del pleistoceno, pero sí herramientas incontestablemente muy antiguas, que datan de 1,5 a más de dos millones de años, tal vez. Se trata, por ejemplo, de los cantos tallados del muluyense marroquí, las lascas de Étouaires, los cantos tallados de Chilhac o los huesos de animales portadores de marcas de descarnación de La Rochelambert, en el Macizo Central francés.

A continuación, se consideraron la vida cotidiana, la alimentación y las realizaciones culturales de *Homo habilis* a partir de numerosas excavaciones realizadas en África oriental. Las herramientas, como ya hemos visto, parecen haber sido inventadas antes del hombre y sólo se mencionaron, como recordatorio, las industrias sobre lascas del Omo (facies de Shungura) y del este del Turkana (conjunto KBS) de dos a tres millones de años. En cambio, se desarrollaron las descripciones del olduvayense, o Pebble culture, o cultura de los cantos tallados y su evolución técnica (Developed oldovan, olduvayense evolucionado, conjunto Karari), herramientas que parecen haber sido de *Homo habilis,* a pesar de que los primeros *Homo erectus* continúan tradicionalmente fabricándolas.

A continuación, se describió el hábitat, primero parada de nómadas y después campamento más duradero con especialización creciente de las áreas de actividades. Esto permitió llegar a la parte más suculenta del menú, reconocer a los animales cazados y distinguirlos de la caza disputada a otros carroñeros, demostrar algunos aspectos de la vida social, el reparto de la comida, por ejemplo, y poner en evidencia las primeras «construcciones» del mundo (choza circular o protección en semiluna).

Para terminar, una bella descripción naturalista de África oriental en aquella época muestra cómo los homínidos, enfrentados a una nueva crisis climática especialmente importante, conseguirán superarla. En efecto, dos respuestas, tan original una como la otra, aparecerán o se desarrollarán entonces: un gran homínido de pequeño cerebro y dentadura especializada en una alimentación vegetariana muy dura (el australopiteco robusto) y un pequeño homínido de gran cerebro y dentadura adaptada a una alimentación generalizada, que genera un comportamiento nuevo (de cazador) y una movilidad que lo convertirá en el conquistador del mundo.

1986-1987
Los hombres intermedios

En la actualidad, se está más o menos unánimemente de acuerdo en dividir la historia del género *Homo* en tres estadios sucesivos, que tienen valor de especies para algunos y simple valor de grados para otros: *Homo habilis, Homo erectus* y *Homo sapiens*. Los hombres intermedios son pues *Homo erectus*.

Esta denominación de intermedio, que me fue inspirada por el estudio de los elefantes *(Elephas intermedius)* y quiere ser voluntariamente desenvuelta, está destinada a ilustrar el carácter pasajero de *Homo erectus* en el seno de un segmento filético continuo y suavizar su aspecto binomial de taxón estricto. *Homo erectus* —cuyo nombre de especie ya es ambiguo en sí mismo, puesto que el enderezamiento del cuerpo no lo caracteriza— es, en efecto, un concepto de límites confusos; por ejemplo, se habla de pre-*erectus* para las formas humanas fósiles antiguas de Asia que todavía no nos atrevemos a llamar *habilis* y se habla de extremo de la rama *erectus* para las formas humanas fósiles recientes de Europa que, en cambio, no nos atrevemos, y sin vergüenza, a llamar *sapiens (neandertalensis).*[14]

La primera parte del curso se dedicó a la reseña histórica de los descubrimientos.

Fue en Indonesia donde, a finales del siglo pasado, un joven médico holandés, Eugène Dubois, descubrió el primer resto de *Homo erectus*. Eugène Dubois había quedado muy impresionado por *La historia de la creación* (veinticuatro conferencias publicadas en 1868 con el título de *Natürliche Schöpfungsgeschichte; gemeinverständliche wissenschaftliche Vorträge über die Entwickelungslehre im allgemeinen, und diejenige von Darwin, Goethe und Lamarck im besonderen)*, del zoólogo alemán Ernst Haeckel. En efecto, Haeckel proponía un árbol filético de 22 etapas, siendo la 22.ª la del hombre y la 21.ª la de un intermedio entre el mono y el hombre, que se llamaba *Pithecanthropus alalus,* el mono hombre sin lenguaje, y cuya cuna se encontraría en la localización actual del océano Índico. Eugène Dubois, convencido por el razonamiento de Haeckel y decidido a encontrar él mismo este eslabón anunciado, pero sin conseguir reunir los fondos privados necesarios para una expedición a esta región del mundo, firmó un contrato de ocho años con el cuerpo médico del ejército holandés de las Indias Orientales y embarcó hacia Sumatra, con mujer e hijo, durante el otoño de 1887. Allí, en Sumatra, y sobre todo después en Java, hizo una extraordinaria serie de descubrimientos, entre ellos, en Java, a orillas del río Solo, en un lugar llamado Trinil, en 1891 y 1892, un diente, un calvarium y un fémur de lo que llamó de entrada *Anthropopithecus erectus* (1892), el chimpancé de pie, y después *Pithecanthropus erectus* (1894), el mono hombre de pie. Por lo tanto, gracias al fémur recogido en Trinil en mayo de 1892, el hombre intermedio recibe el nombre de *erectus.* Hay que decir, antes de terminar este pedazo de historia, que Eugène Dubois murió con la enorma tristeza de que nunca llegó a convencer por completo a sus colegas (ni siquiera a Haeckel) de la realidad de la naturaleza de su descubrimiento.

Después de estos descubrimientos de Dubois a finales del siglo XIX y principios del XX, hubo dos grandes periodos de descubrimientos en Java, el de la primera mitad del siglo XX —de 1931 a 1933, el de la extraordinaria serie de cráneos de Ngandong por el geólogo holandés Cornelius Ter Haar, el de 1936 del niño de Modjokerto y, de 1936 a 1941, las fructuosas cosechas de las excavaciones de Sangiran del paleontólogo alemán Gustav Heinrich Ralph von Koenigswald— y el indonesio de la segunda mitad del siglo XX, con cerca de cincuenta piezas desde 1952 a la actualidad, esencialmente estudiadas por Teuku Jacob y Sastrohamidjojo Sartono.

En esta historia, Europa entra en escena después de Java. En efecto, en 1906 se encuentra en Alemania, en los aluviones de un afluente del Neckar, en Mauer, cerca de Heidelberg,[13] un fósil humano de 700.000 años de antigüedad, atribuible a *Homo erectus* y que resulta ser todavía hoy el fósil humano más antiguo de Europa. Se trata de una mandíbula cuyos rasgos derivados de ancestros de neandertales se valoran entonces mucho más que sus caracteres arcaicos, que todavía no se saben identificar realmente; no se hablará de *Homo erectus* respecto a ellos hasta mucho más tarde. Con el paso de los años, Europa producirá un número importante de fósiles humanos que no harán más que confirmar, aunque con cuentagotas, los datos mostrados por la mandíbula de Mauer, es decir, que todo el poblamiento de Europa, de 700.000 años, edad del fósil humano más antiguo conocido, a 35.000 años, fecha de la llegada del hombre de Cro-Magnon de Oriente Próximo, es totalmente homogéneo, *erectus* (aquí preneandertal) primero y neandertal después.[14] Los descubrimientos más famosos fueron: en 1914, 1916 y 1925, las mandíbulas y el cráneo de Ehringsdorf, en Alemania; en 1933, el cráneo de Steinheim, en Alemania; en 1935, 1936 y 1956, el cráneo de Swanscombe, en Inglaterra; en 1947, los restos craneales de Fontéchevade, en Francia; en 1959, el cráneo de Petralona, en Grecia; en 1963, el occipital de Vesteszöllös, en Hungría; a partir de 1967, los numerosos restos humanos de Tautavel, en Francia (entre ellos, la cara en 1971); en 1972, 1974 y 1975, los restos craneales de Bilzingsleben, en la República Democrática de Alemania, y, en 1976, los cráneos de Biache-Saint-Vaast, en el norte de Francia.

En 1899, el alemán K.A. Heberer trajo de su viaje a China una importante colección de fósiles (entre ellos un diente de primate), comprados con los nombres de *lung ku* y *lung ya* (huesos o dientes de dragón) en las farmacias tradicionales. Pero hubo que esperar a los años veinte para que los suecos, por la influencia de un prospector minero aficionado a la paleontología, Johan Gunnar Andersson, organizaran esta investigación y fundaran el Comité de Investigación sinosueco con el alto patronazgo del príncipe heredero de Suecia. La Universidad de Upsala, gracias a este acuerdo, envió entonces en su nombre a aquella zona a un joven paleontólogo austriaco, Otto Zdansky, que recogió, el mismo año de su llegada a China (1921), el primer diente de *Homo erectus* de este país, en Chou-Kou-Tien, cerca de Pekín. Dio a conocer su descubrimiento en 1926, con un segundo y un tercer diente recogidos más tarde en los tamizados, con el nombre de hombre de Pekín. Un anatómico canadiense, Davidson Black, se enteró de la noticia y anunció por su parte en *Nature* y *Science* que el origen del hombre se situaba en Asia central. Creó a su vez una expedición sinosuecoamericana y pidió, y obtuvo, financiaciación a la Fundación Rockefeller para excavar en Chou-Kou-Tien. La excavación empezó en Pascua de 1927. Birger Bohlin, que representaba a Suecia, fue su ejecutor; por lo tanto, fue el que descubrió, el 16 de octubre de ese mismo año, un nuevo diente (de leche) de este hombre fósil, que Davidson Black publicó inmediatamente con el nuevo nombre de *Sinanthropus pekinensis* (Black y Zdansky, 1927).

Davidson Black continuó esta explotación de Chou-Kou-Tien, con la ayuda del paleontólogo chino Weng Chung Pei y después del francés Pierre Teilhard de Chardin, que se hizo cargo, al morir súbitamente Davidson Black en 1934, de la dirección de las excavaciones. Después de medio millón de toneladas de sedimentos explorados, el balance de esta inmensa obra será, en 1937, de 14 cráneos, 11 mandíbulas, 147 dientes y 147 huesos poscraneales, colección que desgraciadamente desapareció por completo en 1941 entre la embajada de Estados Unidos en Pekín y el puerto de Chingwantao, donde debía ser embarcada hacia Estados Unidos en un paquebote, el *Président Harrison*.

Los investigadores chinos continuaron con los trabajos, tanto en Chou-Kou-Tien como en el conjunto del país, y descubrieron en los años cincuenta una impresionante serie de yacimientos y de documentos atribuibles a *Homo erectus* o a *Homo sapiens* arcaico: incisivos de 600.000 a 700.000 años en Yuanmou, un cráneo de 800.000 años y una mandíbula de 500.000 a 590.000 años en Lantian, un cráneo en Dali, otro en Mapa, dientes en Yunxi, Yunxian, Xichuan y Nanzhao, un cráneo en Hexian, etcétera, y un cráneo, una mandíbula, dos huesos poscraneales y cinco dientes en Chou-Kou-Tien.

Las semejanzas entre el hombre de Pekín y el hombre de Java pronto se hicieron evidentes, y Franz Weidenreich, anatómico austriaco al que se confió el estudio del sinántropo, propuso, en 1940, la denominación de *Homo erectus* para agrupar estas formas. Fue seguido en esta labor por los dos grandes sistematizadores estadounidenses de después de la guerra, Georges Gaylord Simpson en 1945 y Ernst Mayr en 1951.

En 1933, llegó el eco del continente africano de África del norte y, en 1935, de África del este, pero sólo se percibió claramente en 1949, cuando procedió de África del sur. En efecto, el 29 de abril de 1949, John Robinson descubrió, en Swartkrans cerca de Johannesburgo, una mandíbula «manifiestamente de un nuevo tipo de hombre», que Robert Broom y él mismo llamaron *Telanthropus capensis*. Esta pieza procedía de la brecha negra del depósito, con una antigüedad de 500.000 años. Pero en septiembre del mismo año, John Robinson descubrió otro fragmento mandibular «comparable», dijo, «al primer fósil» y procedente esta vez de la brecha rosa del relleno, estimada con una edad de 1,5 millones de años. Nuevos descubrimientos, tanto en una brecha como en la otra, así como el de un cráneo atribuido a *Homo habilis* encontrado en el miembro 5, contemporáneo de la brecha rosa, del yacimiento cercano de Sterkfontein, hacen pensar hoy que allí se ilustra una continuidad evolutiva que va de *Homo habilis* de Sterkfontein al *Homo erectus* de la brecha negra, pasando por *Homo* sp. con afinidades con el *Homo habilis* y el *Homo erectus* de la brecha rosa (que quizá representan los límites inferiores del hombre intermedio).

El primer *Homo erectus* de toda África se descubrió, como hemos visto, en Rabat en el año 1933, pero no fue reconocido como tal en aquella época. En realidad, las tres importantes campañas de excavación realizadas por Camille Arambourg y Robert Hoffstetter en 1954, 1955 y 1956 en arenas y arcillas de un antiguo arenal del Oranesado llamado Ternifine, Palikao o Tighenif fueron las que dieron verdaderamente al Magreb su primer *Homo erectus* «local». Ilustrado por tres mandíbulas, un parietal y dientes aislados, y acompañado por unas hermosas herramientas bifaces del achelense inferior, se describió con el nombre de *Atlanthropus mauritanicus* y se ha datado recientemente por magnetoestratigrafía y bioestratigrafía en 700.000 años.

Dos años después del descubrimiento del hombre de Rabat, por lo tanto en 1935, Mary Nicol (más tarde Mary Leakey) descubrió dos fragmentos de bóveda craneal gruesa asociados a herramientas achelenses, en el lecho 4 de la secuencia de Olduvai, nivel cuya parte superior está datada en 600.000 años. Pero el descubrimiento de un calvarium, el 2 de diciembre de 1960, en un nivel de 1,5 millones de años del lecho 2 de la misma garganta y conocido con el nombre de hombre chelense, fue lo que abrió África oriental a la historia de *Homo erectus*. Esta historia se ilustró generosamente después con los descubrimientos de los homínidos 12, 22 y 28 de Olduvai, con el de los fragmentos craneales del miembro K del Omo (1,4 millones de años), con los hallazgos de documentos muy buenos en el este del lago Turkana, en Kenia, como los cráneos 3733 y 3883, con el del extraordinario esqueleto KNM-WT 15.000 del oeste del lago Turkana (julio de 1984) y con los descubrimientos, más modestos pero también valiosos, de Melka Kunturé en Etiopía, porque cada vez estaban perfectamente asociados con herramientas bien caracterizadas: húmero de Gomboré I y olduvayense, mandíbula inmadura de Garba IV y olduvayense evolucionado, frontal y parietal de Gomboré II y achelense medio.

África central se añadió a estos yacimientos con mi descubrimiento en Yayo, Chad, en 1961, de un fragmento craneofacial que llamé entonces *Tchadanthropus uxoris.*

Finalmente, el 5 de diciembre de 1986, Arun Sonakia recogía en una pudinga del pleistoceno medio de origen fluvial de la orilla derecha del río Narmada, cerca del pueblo de Hathaora, en el estado de Madhya Pradesh, una calota craneal de *Homo erectus* probablemente evolucionado, que permitió por fin a India empezar a cumplir su papel de hito entre las poblaciones de *Homo erectus* de África y Extremo Oriente.

La segunda parte del curso se dedicó a la descripción de las diversas formas de *Homo erectus.* En efecto, si bien se puede definir, en su conjunto, a los hombres intermedios como hombres fósiles del Viejo Mundo que vivieron entre 1,7 millones de años (sin duda más) y 400.000 años (sin duda menos) y que se caracterizan por un encéfalo de 750 a 1250 cm^3, un cráneo grueso y bajo con carena sagital y de sección trapezoidal (en tienda), con potentes arcos superciliares, intensa constricción postorbitaria, hueso timpánico grueso y robusta mandíbula sin mentón, también se distinguen algo así como subespecies provinciales que explican su amplia distribución. Divididos en tipos sudesteafricano, australasiático, levantonorteafricano y europeo, se estudiarán en este orden.

Los *Homo erectus* de África oriental son, al parecer, los más antiguos que se conocen; por ejemplo, el cráneo 3733 del este del Turkana, en Kenia, podría tener 1,7 millones de años.[15] Se plantea entonces la cuestión de saber qué tipo de filiación une *Homo habilis* a *Homo erectus,* gradualismo o equilibrio puntual, en otras palabras, continuidad o discontinuidad (y en parte superposición). El sur y el este de África es probablemente la provincia que dará la respuesta a este problema. En el otro extremo de la historia, el paso *Homo erectus - Homo sapiens* está especialmente bien ilustrado tanto en África oriental como en África meridional. Se pueden distinguir, después de los últimos *Homo erectus,* los estadios evolutivos siguientes: los restos atribuibles a *Homo erectus evolucionado* de Ndutu en Tanzania, Kapthurin en Kenia y Bodo en Etiopía, de 300.000 a 500.000 años; después *Homo sapiens capensis* representado por el cráneo de Florisbad en Sudáfrica y los de Kanjera (Kenia), Ngaloba (Tanzania) y Kibish (Etiopía) en África del este; *Homo sapiens rhodesiensis* con el cráneo de Saldanha en Sudáfrica, el famoso cráneo de Broken Hill en Zambia (llamado en cierta época «neandertaloide» por eurocentrismo) y los restos craneales de Eyasi en Tanzania; finalmente, *Homo sapiens cafer* con las formas recientes, e incluso neolíticas. Esta división, aunque tiene pocas posibilidades de reflejar una realidad tan tajante, sin embargo posee el mérito de demostrar la unidad del cuarto sudeste de África, uniendo África oriental y África meridional.

La segunda provincia, que he llamado australasiática, está formada por los *Homo erectus* de Indonesia, de China, de India y por su probable descendencia asiática y australiana. Los hombres fósiles más antiguos de esta región del mundo son, sin duda, los «pitecantropos» indonesios más antiguos, puesto que dataciones paleomagnéticas recientes los sitúan en el periodo de Olduvai, por lo tanto, de al menos 1,67 millones de años. Son los que a veces reciben el nombre de pre-*erectus* o megantropo, o también *Homo paleojavanicus.* Estos hombres antiquísimos, enteramente relacionados morfológicamente con las formas australasiáticas siguientes (en Java, por ejemplo, S. Sartono propone la sucesión gradual *Homo paleojavanicus sangiranensis - Homo paleojavanicus modjokertensis - Homo erectus trinilensis - Homo erectus ngandongensis),* tienen en cambio ciertos rasgos tan desmarcados de los de sus homólogos africanos que se debe considerar ahora su llegada de Extremo Oriente como mucho más antigua de lo que se había imaginado: bóveda craneal más gruesa, torus supraorbitario menos proyectado, área nucal más grande, torus nucal más grande, carena sagital más importante, líneas temporales más gruesas y más angulosas, prognatismo facial más intenso. Se describen todos estos fósiles, desde la extraordinaria calota craneal de 24 milímetros de grosor en el inion, descubierta en 1979 en Sangiran, hasta las primeras poblaciones de Australia, los *Homo sapiens* del lago Mungo o de Kow Swamp, respectivamente de 40.000 y 10.000 años, pasando por los sinántropos de Lantian, de 800.000 años, y los de Chou-Kou-Tien, recientemente datados por métodos de paleomagnetismo, trazas de fisión, termoluminiscencia y relación uranio/torio, de 730.000 años (nivel 13) a 230.000 años (nivel 1). Se abordaron también las cuestiones de las culturas (cuarzo de Chou-Kou-Tien), de los ritos (vaciamiento de las bases de cráneos de Java y de China) y del fuego (hogares de Chou-Kou-Tien).

La tercera provincia une probablemente Próximo Oriente y África del norte. El yacimiento de Ubeidiya, en el valle medio del Jordán, es el yacimiento de homínidos más antiguo de esta provincia que ha proporcionado herramientas y restos humanos de más de un millón de años asociados a fauna «encrucijada», con caracteres esteafricanos, norteafricanos y europeos.[16] El yacimiento de Gesher Benot Ya'aqov en Israel demuestra este vínculo levante-África por la ausencia de tendencias neandertalenses de estos restos de hombres intermedios. En cuanto al Magreb, ha proporcionado, en una docena de yacimientos, numerosos restos atribuibles a *Homo erectus* y a *Homo sapiens,* ilustrando a la vez de manera especialmente clara la continuidad del paso de una forma a la otra y la comunidad de rasgos regionales que las unen, por ejemplo, el macrodontismo, rasgos que acercan más estas poblaciones a las de Extremo Oriente que a las de África oriental. El hombre de Chad se incluiría en este conjunto.

La cuarta y última provincia es Europa, cuya población *erectus* homogénea desarrolla tan rápidamente los caracteres propios del hombre de Neandertal que todavía son numerosos los autores que, confundiendo especie, grado y clado, no quieren hablar de *Homo erectus* en Europa. Esto será objeto del curso del año 1987-1988.

Homo erectus aparece, pues, de forma clara, en todas las acepciones del término, como el hombre intermedio, que prácticamente ninguna autapomorfia caracteriza. Desciende de *Homo habilis* de manera aparentemente continua y da lugar a *Homo sapiens* en el mismo movimiento anagenético. La antigüedad de los restos humanos de Asia y la de las herramientas de Europa o de África del norte parecen confirmar la antigüedad del poblamiento de estas provincias biogeográficas, antigüedad superior a la del hombre intermedio. La adición de la carne a su dieta es lo que hace móvil al hombre; su manía de moverse pudo empezar hace tres millones de años. Por último, el tamaño del nicho ecológico del hombre intermedio comportó el desarrollo de caracteres regionales que permiten dividirlo de manera cómoda pero un poco artificial en cuatro grandes poblaciones, que en realidad nunca interrumpieron entre ellas el intercambio de genes.

1987-1988
El último hombre fósil

El curso sobre «el último hombre fósil» puso fin a este recorrido cronológico por la historia de los primates y, de forma más precisa, por la historia de los homínidos, correspondiente a 70 millones de años, en especial, los últimos diez millones de estos años en cuarenta y cinco lecciones.[17]

El poblamiento tan especial de Europa, tratado este año, estableció la transición entre el estudio de los «hombres intermedios» y el de los «últimos hombres fósiles». En efecto, la Europa de los tiempos glaciales, reducida al corredor entre los Alpes y el Mediterráneo, se comportó un poco como una isla. Quizás *Homo habilis* y seguramente *Homo erectus* evolucionaron aquí sin contactos con las otras poblaciones, y esta evolución independiente, experimentada a pesar suyo, condujo a la «realización» de una forma humana muy especial, muy original, el hombre de Neandertal. Este hombre de rostro abotargado, frente huidiza y rodete supraorbitario grueso representa pues, en cierto modo, la manera en que el entorno europeo modeló al hombre intermedio.

Ahora bien, precisamente los prehistoriadores europeos fueron los primeros que tuvieron la idea de buscar a sus ancestros en los archivos de su suelo. Esperaban encontrarlos más «guapos», de manera que es posible imaginar la conmoción que sufrieron cuando encontraron a estos primeros hombres fósiles, los neandertales de Engis, en Bélgica, en 1828, de Gibraltar en 1848, del valle de Neander, en Alemania, en 1856, de La Naulette y de Spy, en Bélgica, en 1885 y 1886, de Krapina, en Yugoslavia, en 1899, de Mauer, en Alemania, en 1907, de La Chapelle-aux-Saints, de La Ferrassie y de La Quina, en Francia, en 1908, 1909 y 1911. Si hubiera ocurrido lo mismo en África o en Asia, donde el paso de hombre intermedio a hombre moderno tuvo lugar de manera mucho más «suave», sin duda la paleoantropología habría podido avanzar más deprisa. El hombre de Neandertal fue, en efecto, como se puede imaginar, muy mal recibido, e incluso rechazado; se consideró un enfermo, un artrítico, peludo, encorvado, bárbaro, bruto, caníbal, con el dedo gordo del pie oponible, incapaz de hablar, intermedio entre el hombre y el mono —pero más cerca del mono— y, por supuesto, sin nada que ver con nuestra ascendencia. Con respecto a este hombre fósil, existen páginas extravagantes de científicos como F. Mayer de Bonn, Rudolf Virchow de Berlín, Elliot Smith o H.G. Wells de Londres, Marcellin Boule del Museo de París, y todavía se escriben en la actualidad...

En 1844, fecha del descubrimiento del hombre de La Denise, cerca de Puy, y durante más de un siglo, los investigadores se empeñaron en buscar, para tranquilizarse, hombres fósiles a la vez más modernos y más antiguos que este maldito hombre de Neandertal. Fue el caso de auténticos hombres fósiles, modernos pero mal datados (La Denise, Foxhall, Castelnedolo, Moulin Quignon, Clichy, Grenelle), de auténticos hombres fósiles, antiguos pero mal interpretados (Swanscombe, Fontéchevade, Steinheim) o de falsos hombres fósiles «bromas» (Piltdown en Sussex, que en realidad sólo era un cráneo de hombre actual y una mandíbula de orangután).

La siguiente etapa de la historia de la disciplina, que se fue por completo al otro extremo, como ocurre a menudo, fue considerar al hombre de Neandertal un estadio obligado de la evolución humana entre el hombre intermedio y el hombre moderno. Se llamaban entonces neandertaloides a los hombres fósiles de África (como el hombre de Rodesia) o de Asia (como el hombre de Solo), contemporáneos del hombre de Neandertal de Europa y que no se le parecían en absoluto.

Sólo después de que se desarrollara un análisis cladístico de los caracteres más riguroso, se cayó en la cuenta de que los considerados rasgos pre-*sapiens* de algunos de estos hombres fósiles europeos anteneandertales eran en realidad caracteres antiguos, plesiomorfos (heredados); es la razón por la cual se podían encontrar en el hombre moderno, sin que por ello tuvieran un significado cronológico, cuando habían desaparecido de la diagnosis de los neandertales en provecho de caracteres apomorfos, muy propios de esta subespecie. En la actualidad, se piensa que el poblamiento de la península europea es, de dos millones de años a 35.000 años, un poblamiento homogéneo, continuo y endémico, y que hace 35.000 años llegó de Oriente Próximo el hombre de Cro-Magnon, un inmigrante, que detuvo la experiencia del aislamiento de Europa, absorbió genéticamente al hombre de Neandertal[18] y lo suplantó.

Después, el curso pasó revista a los principales yacimientos paleoantropológicos y prehistóricos de Europa, su datación, su fauna, su flora y, como consecuencia, el clima que presidió su depósito, así como, por supuesto, los hombres fósiles que proporcionaron y sus herramientas.

Los más antiguos de estos yacimientos, algunos de los cuales quizá superan los dos millones de años, sólo han proporcionado indicios indirectos de posible presencia humana, piedras talladas o que parecen haberlo sido, piedras con marcas de utilización, huesos con fracturas espirales de aspecto intencional, huesos con incisiones y signos de descarnadura. Se trata de los yacimientos de Saint-Vallier, La Rochelambert, Chilhac, Les Étouaires, Le Coupet, Le Vallonnet y el bosque de Sénart, en Francia, el río Vitava y Stranska Skola en Checoslovaquia, Sandalja en Yugoslavia, El Aculadero en España, etcétera. Siguió el achelense antiguo, a partir de 700.000 años, con yacimientos esta vez con restos humanos conservados que son al mismo tiempo los primeros yacimientos con herramientas simétricas de Europa (simetría por otra parte doble, bilateral y bifacial). Los hombres se aventuran entonces en zonas más septentrionales del continente durante los periodos interglaciares o interestadiales; se los encuentra en Tautavel, en Montmaurin, en Orgnac y en Vergranne en Francia, en Atapuerca en España y en Pontana Ranuccio en Italia, pero también en Mauer (700.000 años), en Bilzingsleben en Alemania (350.000 años; herramientas de hueso con marcas grabadas), en Swanscombe en Inglaterra, en Verteszöllös en Hungría, en Azych en la Unión Soviética (cráneos de osos, colocados en un escondrijo, con incisiones en cruz). A partir de 300.000 años, las herramientas muestran signos originales y se vuelven características de las grandes regiones de Europa; se trata del achelense medio y superior, el descubrimiento del lascado por el método de Levallois y la mejora del acondicionamiento del espacio interior de las viviendas. Citemos, para ilustrar, los yacimientos de Torralba y Ambrona en España, Castel di Guido en Italia, Petralona en Grecia, La Chaise, Fontéchevade, Le Lazaret, La Grotte du Prince y Biache-Saint-Vaast en Francia, Steinheim y Ehringsdorf en Alemania, y Pontnewydd en el País de Gales (el yacimiento achelense más septentrional de Europa).

A lo largo de esta historia, se establecerán poco a poco caracteres derivados, que entrarán en la diagnosis del hombre de Neandertal, unas veces sólo en un individuo y otras veces en una población entera. En definitiva, llamamos neandertal a todo hombre fósil que reúne un número suficiente de los rasgos anatómicos particulares (apomorfos) que se han utilizado para definir a esta subespecie. Es la demostración de un paso gradual de una forma *(erectus)* a otra *(sapiens neandertalensis)*[19] y la prueba, a la vez, si fuera necesario, de que ya no se trata de una verdadera especiación, sino de una relación de porcentajes de plesiomorfias y apomorfias que se invierte.

Dado que los neandertales así definidos se encuentran entre 100.000 y 35.000 años,[20] de Portugal a Asia central, y que los de Asia son a la vez más recientes y menos «neandertalizados» (comparables en este sentido a los neandertales europeos de 100.000 años como los de Saccopastore, de Bañolas o de la cueva Bourgeois Delaunay en La Chaise de

Vouthon), se piensa que la migración o la expansión de estos hombres fósiles tuvo lugar de Europa hacia Oriente (donde se los conoce en Israel, en Líbano, en Irak, en Irán, en el Cáucaso y en Uzbekistán), en Riss Würm. Por otra parte, la brevedad de los antebrazos y de las piernas (que reduce la relación superficie del cuerpo/peso del cuerpo y, por consiguiente, ralentiza sus intercambios térmicos con el exterior) confirma su origen «frío» y, por lo tanto, europeo, y este sentido oeste-este de su extensión. Finalmente, un examen profundo de sus herramientas, de sus objetos de adorno y de colección (a veces, recogían minerales y fósiles), de sus ritos funerarios y de lo que se evidencia de sus comportamientos revela una población hábil, curiosa, con un pensamiento simbólico complejo y evidentemente con un sentido de «sí misma» que sin embargo se le negó durante mucho tiempo.

Hace 35.000 años, sin duda a favor de un ligero calentamiento interestadial entre el Würm II y el Würm III, «llega» de Oriente Próximo, donde se lo conoce desde hace más de 100.000 años (Mugharet el-Zuttiyeh y Djebel Qafzeh, en Israel), el hombre moderno, *Homo sapiens sapiens,* al que se dará en Europa el nombre de hombre de Cro-Magnon. La longitud relativa de sus antebrazos y de sus piernas (con aumento de la relación superficie del cuerpo/peso del cuerpo y desarrollo de los intercambios térmicos) confirma, al revés de lo que se había concluido para el neandertal, el origen oriental en clima clemente del hombre de Cro-Magnon. Se describió cierto número de lo que se creyó que eran diferentes tipos de hombres modernos —hombre de Cro-Magnon, hombre de Grimaldi, hombre de Chancelade, hombre de Combe-Capelle, hombre de Brno, hombre de Mladec, hombre de Predmost—, pero los caracteres de estos hombres fósiles se delimitan hasta el punto de que, en su conjunto, dan más bien la impresión de representar a una amplia población con la variabilidad que se puede esperar cuando se sabe que cubrió un continente entero durante 25.000 años. En la época en que no se aceptaba al neandertal en el álbum de familia y en que se veía, por «complejo de cuna» —en este caso «eurocentrismo»—, en el hombre de Cro-Magnon el origen de los blancos (de Quatrefages y Hamy, 1874), en el de Chancelade el de los amarillos (Testut, 1889) y en el de Grimaldi el de los negros (Verneau, 1906), el paleolítico superior se consideraba un periodo de gran civilización, que cortaba con la barbarie del paleolítico medio. Si bien las grandes épocas del paleolítico superior, auriñaciense, gravetiense, solutrense y magdaleniense, siguen conservando sus títulos de refinamiento, hoy se sabe que las diferencias entre las culturas del paleolítico medio y las del paleolítico superior son menos acentuadas de lo que se había declarado. ¡Los hombres de Cro-Magnon de Oriente Próximo hacen herramientas del paleolítico medio y los neandertales del extremo occidental son los que inauguran las del paleolítico superior! Por otra parte, la diferencia entre estas herramientas es más de tipo estadístico, por lo tanto, más cuantitativa que cualitativa: «Estas herramientas», escribía François Bordes en 1984 hablando de las piezas del paleolítico superior, «se fabrican ahora en grandes series, estandarizadas, diversificadas en tipos derivados y subtipos.» De la misma manera, las sepulturas, sus ofrendas, los cultos de animales, los adornos y la recogida de curiosidades que se observan en el hombre de Cro-Magnon se iniciaron con el neandertal y a veces incluso antes. El pensamiento simbólico apareció también con el neandertal, pero en cambio nunca se había proyectado antes del paleolítico superior bajo esta forma extraordinaria de dibujos, pinturas o esculturas. Del Périgord a los Urales, de 36.000 a 10.000 años, se asiste a la explosión de un arte de una gran belleza, que se manifiesta tanto en lo mobiliario como en lo inmobiliario. Por otra parte, el cuidado aportado a las excavaciones proporcionó los equipos, andamiajes y cordajes, lámparas y mechas, colorantes y majas, lápices, pinceles, tampones y tubos, hojas, hojillas y lascas, e incluso restos del refrigerio de los artistas (en Lascaux, el 88,7% de los sándwiches eran de reno). En efecto, el gran arte que recibe el nombre de «la edad del reno», unas veces figurativo y otras abstracto, era en realidad un arte codificado, el «armazón material de un pensamiento religioso», dijo André Leroi-Gourhan; el contenido de un mito, diría yo, en cierta medida, de una escritura. Es un fragmento de espiritualidad fósil.

1988-1989
El último hombre fósil (continuación), los Cro-Magnon de otros lugares

El curso termina con el estudio de *Homo sapiens* fuera de Europa, un recorrido anatómico, cronológico y filético por todos los hombres fósiles conocidos en una amplia perspectiva paleontológica. Así pues, su título sólo representa la recuperación del título del año anterior; en cuanto al subtítulo, está destinado a evocar, *a contrario*, la manera eurocentrista en que todas las obras, manuales, exposiciones y conferencias, incluso las firmadas por los mejores autores, hablan de la evolución del hombre. En primer lugar, aparecen los australopitecos africanos, hoy bien insertados en el esquema general; *Homo habilis* llega después, pero no siempre; a continuación viene *Homo erectus,* inexorablemente presente como el conquistador del mundo antiguo, aunque este mundo probablemente estaba poblado desde hacía varios centenares de miles de años por su predecesor cuando se constituyó este morfotipo. Y la historia termina en todos los casos con los problemas de la dualidad Neandertal-Cro-Magnon y de su sucesión, en otras palabras, por la situación muy especial de Europa del oeste hace 35.000 años. Se olvida voluntariamente que el fenómeno neandertal no sólo concierne a Europa y a una parte de Asia —lo cual, por supuesto, no resta nada a su extremo interés— y que *Homo sapiens sapiens* se encontraba en el mundo entero cuando algunos de ellos vinieron a establecerse en las orillas del Vézère y a enterrar a sus muertos en el refugio rocoso de Cro-Magnon. Después de todo, sólo es un poco más arriba en el tiempo, otra versión tranquilizadora de «nuestros ancestros los galos».

Estudiamos este poblamiento moderno del mundo por grandes provincias, provincias que, aunque un poco artificiales, justifican su realidad al revelarse biogeográficamente homogéneas y encubridoras de cierta concentración de piezas esqueléticas de hombres modernos que comparten determinado número de rasgos derivados.

La primera provincia que consideramos es el África que hemos llamado del sudeste, porque los restos fósiles del este y los del sur tienen las mismas características y el mismo ritmo de evolución; África del sudeste, en efecto, parece haber entregado los hombres modernos más antiguos del mundo. Como hemos visto en otro lugar en el proceso de neandertalización de los *Homo erectus* europeos, asistimos, en esta región, a una sapientización de los *Homo erectus* locales, un fenómeno que se muestra aquí a la vez antiguo, progresivo y diferencial. En efecto, conviene saber que ciertos rasgos que forman parte de la diagnosis de *Homo sapiens* —protuberancias parietales, verticalidad de las paredes laterales del cráneo, trígono mentoniano— aparecen en cráneos o mandíbulas de hombres fósiles de 500.000 años (Kapthurin, Ndutu, Bodo). Conviene saber que, a través de una división práctica en intervalos subespecíficos *(Homo sapiens kapthurinensis, rhodesiensis, capensis* y *afer)*, pero tan arbitraria en sus límites como la que separa *Homo erectus* de *Homo sapiens,* es posible recorrer de manera ejemplar toda la evolución de *Homo sapiens* hasta el modelado de *Homo sapiens sapiens,* de sus formas neolíticas e incluso actuales locales: el índice longitud/altura del cráneo, cuyo espectro actual va de 54,1 a 66,1, muestra, por ejemplo, un claro aumento en altura, desde el cráneo de Broken Hill en Zambia, de más de 100.000 años de antigüedad (menos de 50), hasta los de Kibish 2 en Etiopía o de Ngaloba en Tanzania (55) y después el de Border Cave 1 en Sudáfrica (60) de menos de 80.000 años. Conviene saber también que los caracteres modernos se muestran en los fósiles de manera irregular, uno a uno, en mosaico, como una tendencia estadística: los cráneos de Klasies River Mouth

Cave 1 en Sudáfrica, por ejemplo, tienen una mandíbula sin mentón, pero un frontal con estructura supraorbitaria totalmente moderna; los de Border Cave, cercanos y de la misma edad, tienen un arco supraorbitario grueso, pero una mandíbula con una protuberancia mentoniana bien desarrollada. África del sur proporciona, pues, una muestra importante, bien datada, bien marcada —escaso grosor de los huesos de la bóveda craneal, por ejemplo— y demostrativa de un paso gradual de *Homo erectus* a *Homo sapiens* iniciado de forma temprana; *Homo sapiens* aparece realmente como la tendencia evolutiva de *Homo erectus;* filogenéticamente, no se distinguen.

Algunas piezas recogidas en Sudán establecen un buen vínculo anatómico y geográfico con las provincias siguientes, África del noroeste, por una parte, y Próximo Oriente, por otra parte.

En África del norte, y más específicamente en su parte occidental, una buena colección de fósiles nos permite seguir una evolución de *Homo erectus* a *Homo sapiens* tan continua como en África del sudeste. El cráneo de Salé y los fragmentos craneales de la cantera Thomas 3, en Marruecos, datados en 400.000 años, muestran los rasgos más antiguos de sapientización: protuberancias parietales, gracilidad del hueso timpánico y debilidad de las líneas temporales. Las etapas anatómicas y cronológicas siguientes —Rabat, 300.000 años, Irhoud en Marruecos, más de 100.000 años, Haua Fteah en Libia, 50.000 años, Dar es-Soltane en Marruecos, 40.000 a 60.000 años, Taforalt en Marruecos, Afalou bou-Rhummel en Argelia, Wadi Halfa en Sudán, 20.000 años, Mechta el-Arbi en Argelia, 10.000 años, etcétera— demuestran el aumento progresivo del número de rasgos de *Homo sapiens* asociados en un mismo fósil. Sin embargo, parece producirse una discontinuidad a partir del iberomaurusiano (21.000 años); a pesar de un hilo anatómico ininterrumpido que une incontestablemente Salé a Mechta a través de todas las formas citadas, un tipo mechtoide todavía llamado Mechta Afalou y que representa quizás al primer *Homo sapiens sapiens* se desmarca del grupo anterior al mismo tiempo que se acerca a las formas sudesteafricanas de Border Cave en Sudáfrica, Kibish o Ngaloba en África del este, Singa en Sudán, y a las formas de Próximo Oriente de Qafzeh o Skuhl, en Israel. Parece que todo ocurre como si, sobre una sapientización progresiva autóctona incontestable —mayor inclinación posterior del perfil frontal, curvaturas parietales suaves, gran apófisis mastoides, dientes fuertes—, se estableciera una «sapientización al cuadrado» alóctona a partir de formas sudesteafricanas, a través de Próximo Oriente, en forma de migraciones reales o de hibridaciones de contacto. Los fósiles de Salé, Rabat, Irhoud y Dar es-Soltane serían los homólogos norteafricanos de los pre- (o ante-) neandertales y neandertales de Europa, y los de Mechta, Afalou o Wadi Halfa, los homólogos de nuestros hombres de Cro-Magnon.

La tercera provincia estudiada es Próximo Oriente. Esta provincia se comporta como si hubiera sido, en la desembocadura del camino del Nilo (cráneo de Singa), la segunda provincia en la historia del poblamiento moderno *(sapiens sapiens)* de la Tierra. En efecto, en Israel se encuentra una forma preprotocromagnoide probable, datada de 95.000 a 148.000 años (Mugharet el-Zuttiyeh), y una forma protocromagnoide segura, datada de 90.000 a 100.000 años (Qafzeh, Skuhl), totalmente susceptible de descender de los ancestros de África orientomeridional (Omo 1, Ngaloba, Border Cave, Klasies River Mouth Cave) y de producir el impulso cromagnoide europeo y el impulso mechtoide norteafricano, sin olvidar las oleadas de poblamientos modernos de Extremo Oriente y sus prolongaciones, América y Australia. Por otra parte, esta provincia se ve afectada por un fenómeno muy especial, el reflujo, hace 60.000 años, del hombre de Neandertal de Europa; en efecto, lo encontramos, curiosamente, en Israel, Líbano, Irak, Irán, el Cáucaso y hasta en Uzbekistán al lado del proto-Cro-Magnon, al parecer, durante miles de años.

Extremo Oriente representa la provincia siguiente, con sus dos subregiones, Indonesia y China. En efecto, Java fue un gran proveedor de fósiles humanos, y todos los autores que trabajaron allí reunieron las formas que representaban estos fósiles en una misma filiación, dividiéndolas en cinco o seis grados con valor de género, especie o subespecie. En cualquier caso, estos eslabones permiten pasar, como en las dos provincias africanas, de *Homo erectus* a *Homo sapiens,* de manera indígena y suave, pasando por un hombre, de más de 100.000 años de antigüedad, descubierto en Ngandong, Sambungmachan y Pati Ayan, y llamado *soloensis* por unos, *erectus ngandongensis* por otros y *sapiens* por otros. La altura del cráneo y su capacidad, la expansión de los lóbulos frontales y de la región parietal posterior, la de la porción superior del occipital y la reducción del rodete supraorbitario lo convierten, en efecto, en uno de esos *Homo erectus* sapientizados, en el grado en que lo están, por ejemplo, el hombre de Broken Hill o el de Irhoud, pero, como cada vez, con rasgos característicos de su provincia: torus supraorbitario extendido hacia atrás, torus nucal desarrollado. La forma que le sucede[21] y aparentemente en descenso, descubierta en Java, Borneo y Filipinas, es sin duda la que llamamos *sapiens* dos veces.

En China, quizá desde hace 300.000 años, la sapientización sería perceptible en algunos cráneos fósiles (Dali, Ying Kou): mayor calibre del cráneo y menor grosor de los huesos en el *Homo erectus* de Chou-Kou-Tien (ahora Zhoukoudian), por ejemplo, mayor anchura del cráneo cerca del borde superoposterior de la escama temporal, pterion y rodetes supraorbitarios comparables a los del hombre de Ngangong, etcétera. Algunos autores chinos llaman a este viejo hombre moderno, conocido actualmente al menos en ocho yacimientos, *Homo sapiens daliensis*. Otras etapas, muy bien ilustradas, encaminan progresivamente al observador hacia el hombre actual mostrando, a lo largo de estos últimos cientos de miles de años, la extraordinaria permanencia de algunos rasgos todavía presentes en las poblaciones contemporáneas, superficie anterolateral de la apófisis frontal del malar vuelta hacia delante, por ejemplo.

Después, este Extremo Oriente generoso, porque encontrará tierras para expandirse, poblará Australia, toda América y la totalidad de las islas del Pacífico. Se tiene la sensación de un impulso inexorable. La tarea del poblamiento se extiende, llena, inunda.

A partir de 40.000 años,[22] Australia se ilustra a través de poblamientos con afinidades unas veces indonesias (Ngandong) y otras veces chinas (cueva superior de Chou-Kou-Tien), pero todos *sapiens*. En cuanto a América, a pesar del anuncio periódico de descubrimientos de herramientas muy antiguas (varios centenares de miles de años), es, con mayor razón, una empresa de *Homo sapiens sapiens*.

En conclusión, ¿cómo se nos presenta la historia del poblamiento del mundo? El hombre nacido en África del sudeste de padres australopitecos se extiende, sin duda hace más de dos millones de años, a través del Viejo Mundo. Se llama entonces *Homo habilis*. Y se desarrolla donde se encuentra, en África del sudeste, en África del norte, en Próximo Oriente, en Europa y en Extremo Oriente, en lo que recibe el nombre —de manera errónea pero cómoda— de *Homo erectus* y *Homo sapiens*. En este extraordinario crisol que es África del sudeste, aparece poco a poco, hace de 150.000 a 200.000 años, una forma más elaborada de *Homo sapiens,* que se llamará *Homo sapiens sapiens* y que, por los mismos caminos que sus antepasados, inicia la conquista del mundo, la continúa y la termina. Esta nueva forma, en su nuevo impulso, evidentemente encuentra, en los tres continentes del Viejo Mundo, un sustrato humano anterior con el que será interfecundo; su hibridación (subespecífica) se mostrará, por otra parte, en la conservación extraordinaria, en los descendientes, de rasgos provinciales más allá de todas las vicisitudes de la historia de los poblamientos: descríbeme tus caracteres esqueléticos y te diré de dónde vienes. Después terminará, por América a pie y Oceanía en barco, la conquista de la Tierra, antes de empezar, hace solamente veinte años, la del universo. Por lo tanto, probablemente hay por todas partes dos *Homo sapiens,* uno vertical, indígena, que resulta de la evolución en el mismo lugar del hombre precedente (Salé, Solo, Dali, Neandertal,[23] sólo es una rodaja de salchichón en una filiación), y otro horizontal, alógeno, que resulta de la difusión por movimientos o por contacto, de una forma superior de humanidad moderna, el *Homo sapiens sapiens*. Sólo dos regiones o dos conjuntos de regiones son una excepción a esta doble humanidad (a esta confusión de nuestra expresión, en realidad); evidentemente son, la primera, África del sudeste, donde las dos formas vertical y horizontal se confunden, puesto que es precisamente allí donde una crea a la otra, y las últimas, América y Australia, que no conocieron al hombre antes del despliegue horizontal de *Homo sapiens sapiens*. Está claro, conviene precisarlo, que esta confusión —en otras palabras, esta necesidad de llamar *sapiens* a toda forma que alcanza cierto grado de modernidad, especialmente en su volumen endocraneal— depende de la carga filosófica del ser estudiado.

2
Segundo recorrido[24]
Actualización de las actualizaciones

1994-1995
Nuevos huesos y nuevas piedras, el modelo envejecido

El propio título del curso constituyó la introducción: los nuevos huesos y las nuevas piedras anunciadas representan, evidentemente, la descripción de los nuevos huesos de hominoides fósiles y la de las nuevas piedras talladas, en otros términos, la descripción de los descubrimientos primatológicos, paleoantropológicos y prehistóricos recientes. El concepto de modelo era el anglosajón de guión, de propuesta de explicación, y no el francés de ejemplo. En cuanto al adjetivo envejecido, hacía referencia a la manera habitual en que me esfuerzo por comprender y exponer los problemas alargando (envejeciendo), hasta fechas tope razonadas, las ramas filéticas estudiadas. En efecto, el fósil más viejo descubierto hasta el momento tiene muy pocas posibilidades de ser realmente el fósil más antiguo del grupo al que este viejo fósil pertenece, y la piedra tallada más vieja conocida no tiene más posibilidades de ser la primera piedra tallada del mundo o incluso la primera de su categoría; los descubrimientos que sorprenden se hacen casi siempre en la dirección de una mayor antigüedad.

En realidad, se me ocurrió la idea de utilizar este objetivo inesperado gracias a la siguiente anécdota; un autor, sin duda no demasiado bien dispuesto con respecto a mí pero quizá clarividente, había escrito un artículo, según me dijo un amigo, en el que calificaba de «envejecida» mi manera de ver ahora los problemas de mi disciplina. Nunca vi el artículo en cuestión y no conozco la identidad de su autor; por lo tanto, no estoy seguro del propósito y no sé nada de su contexto, pero esta palabra, a priori ofensiva, me hizo tomar conciencia de que, en realidad, representaba a la perfección mi manera de concebir el esquema evolutivo de los seres y las culturas (pero probablemente no era en este sentido como se había empleado, si se había empleado) y, por consiguiente, me daba una buena ocasión de exponer mejor mis principios.

Así pues, decidí convertirla en el tema de mi enseñanza de 1994-1995.

Empezaremos por los primeros momentos del paleógeno. En los seis u ocho últimos años, tuvo lugar una increíble cosecha de tarsiiformes (Omomyidae), a menos que se trate ya de simiiformes primitivos, del paleoceno (65 a 53 millones de años), del eoceno (53 a 33,7 millones de años) y del oligoceno (33,7 a 23 millones de años), en África del norte y en Omán, pero también en China. Citemos a *Altiatlasius koulchii* del paleoceno de Marruecos, a *Algeripithecus minutus, Tabelia hammadae* y *Djebelemur martinezi,* los tres del eoceno inferior de Argelia, *Eosimias* del eoceno medio de China, *Biretia* del oligoceno de Argelia, *Catopithecus* y *Proteopithecus* del oligoceno de Egipto, *Omanodon* y *Shizarodon* del oligoceno de Omán. Estos descubrimientos demostrarían un paso de Omomyidae de origen euroamericano o de protosiimormes de origen eurasiático de Eurasia a África hace unos sesenta millones de años (y no unos cuarenta; ejemplo del modelo envejecido) y una excepcional abundancia de formas en el norte del continente araboafricano hace entre 60 y 30 millones de años, en el momento de la filiación, todavía confusa, que sin duda relaciona a ciertos Omomyidae con los primeros platirrinos y catarrinos, más allá del Tetis. Los trabajos en África del noroeste se deben en gran parte al equipo del Instituto de Ciencias de la Evolución de Montpellier y en parte al de Paleontología de Poitiers, en África del nordeste al equipo americano de Durham, en China a un equipo sinoamericano y en Omán a nuestro equipo de paleoantropología y prehistoria del Collège de France (Herbert Thomas y colaboradores).

Ocupados ahora en la ramificación de los catarrinos (por descontado, el término de ramificación no se toma en su sentido clasificatorio), una vez pasados *Aegyptopithecus* y *Moeripithecus (Moeripithecus markgrafi* [Schlosser, 1910], rehabilitado por Herbert Thomas), y sin haber llegado todavía a «*Motopithecus*»,[25] *Ardipithecus* y *Australopithecus,* nos encontramos ahora en presencia de una sucesión de dos grandes conjuntos miocénicos de formas, unas formas primero de medios arbolados *(Proconsul, Dryopithecus, Oreopithecus, Otavipithecus)* y después de medios descubiertos *(Kenyapithecus, Sivapithecus, Ramapithecus, Ouranopithecus).*

Entre las primeras, recordaremos el descubrimiento reciente (1992) en Namibia de una nueva forma bautizada como *Otavipithecus namibiensis,* por parte de uno de nuestros equipos de paleoantropología y prehistoria del Collège de France (Martin Pickford, Brigitte Senut), en colaboración con colegas de Nueva York y de San Luis, en Estados Unidos, y de la Universidad de Lyón I. Se trata del primer hominoide miocénico de África del sur, cuadrúpedo arborícola, de unos veinte kilos como máximo, parecido a *Kenyapithecus* y, más o menos como éste, de 13 millones de años de antigüedad (± 1 millón de años). Todavía entre las primeras formas, citaremos el reconocimiento, en 1993, del género *Oreopithecus* en Cerdeña, en un nivel de alrededor de ocho millones de años, un género de ascendencia probablemente africana *(Nyanzapithecus)* y descubierto por primera vez el siglo pasado en la Toscana *(Oreopithecus bambolii).*

Entre las segundas, hablaremos del descubrimiento en una nueva localidad de Macedonia de restos importantes de *Ouranopithecus macedoniensis* (la primera cara en 1990) por un equipo francogriego, del que formaba parte Denis Geraads, de nuestro laboratorio. *Ouranopithecus,* datado en nueve a diez millones de años, parece compartir con *Australopithecus* y *Homo* cierto número de sinapomorfias, suficientes para que ciertos autores, entre ellos su descubridor, Louis de Bonis, consideren su posición taxonómica entre los Hominidae y filética en su base. Si consideramos esta hipótesis, la unión Hominidae-Panidae se situaría hacia 12 millones de años. Entre los hominoides de paisajes de praderas de gramíneas, hablaremos también de nuevos documentos atribuibles a otra forma afroasiática, *Sivapithecus,* descubierta en 1990 en Pakistán por un equipo americanopaquistaní que trabaja desde hace muchos años (1973) en la meseta de Potwar; los húmeros encontrados tienen entre nueve y diez millones de años, y traicionan una locomoción esencialmente cuadrúpeda en la que trepar y colgarse tuvieron poca importancia; mientras que el rostro de *Sivapithecus* acercaba a este último a *Pongo,* estos elementos poscraneales por consiguiente lo alejan. Los hominoides, concluyen David Pilbeam y sus colaboradores, son un grupo de gran variabilidad morfológica. En efecto, es difícil construir en cualquier grupo árboles filéticos estables y fiables, no en su tronco principal, sino en sus ramas.

Abordaremos ahora el mundo en pleno florecimiento de los australopitecos. Al conservar, contra toda ortodoxia de nomenclatura, el nombre, ciertamente informal, de *Motopithecus,*[25] atribuido al hemimaxilar de siete a ocho millones de años de Samburu Hills (Suguta Valley), al proponer el nombre también informal de preaustralopiteco[4] para hablar de Lucy y los suyos de Hadar y quizá de Laetoli (estos últimos, para mí, muy derivados), intento, desde hace más de diez años, atraer la atención sobre la inmensa complejidad del grupo filético de lo que podemos continuar llamando australopitecinos. Timothy White y sus colaboradores acaban de darme la razón al tener la audacia de llamar *Ardipithecus ramidus* a una forma de 4,5 millones de años que acaban de describir a partir de restos importantes (40 huesos de 17 individuos) procedentes del yacimiento Aramis del valle medio del río Awash, en Etiopía oriental. Este mismo equipo ya había anunciado, respectivamente en 1987 y 1993, el descubrimiento de unos documentos muy antiguos (3,5 a cuatro millones de años) en otras dos localidades del valle medio del mismo río, Belohdelie y Maka. Pero este nuevo hallazgo de

Aramis retiene toda nuestra curiosidad, puesto que nos ofrece, a la vez, un acortamiento de la base del cráneo y una relación canino superior-primer molar inferior muy humanos, un esmalte muy delgado y un primer molar de leche de dos cúspides muy «chimpanzanos»... Entre estos caracteres, ¿cuáles son los pleisomorfos y los apomorfos? ¿Se trata de un australopiteco que ha conservado algunos rasgos del ancestro común, desaparecidos en las formas siguientes *(afarensis)* o de un prechimpancé que ha mantenido una posición erecta (morfología de la base del cráneo), adquisición en este caso del ancestro común? Realmente no tenemos ni idea. ¡Señalemos, de paso, para la historia de las ciencias, lo que puede ser la angustia de la reflexión de tres paleoantropólogos (un estadounidense, un japonés y un etíope) ante unas decenas de huesos, que se lanzan en septiembre a la publicación de su denominación específica y después, en marzo, a la de una denominación genérica!

Por otra parte, 53 nuevos huesos de australopitecos recogidos en Hadar en 1990, 1991 y 1992 permitieron al equipo de Donald Johanson conocer mejor a *Australopithecus afarensis* (el equipo anterior de Yves Coppens, Donald Johanson y Maurice Taieb había recogido 250 en seis años) y datarlos mejor. Entre estos documentos, citemos sobre todo un cráneo de macho adulto y un rostro de hembra. Las nuevas dataciones (argón 40 / argón 39), consideradas más precisas que las anteriores, dan 3,18 millones de años a Lucy. En cambio, no comentaré una de las conclusiones de los autores (Kimbel, Johanson, Rak) —este nuevo estudio defiende la tesis de una unidad taxinómica del material de homínidos de Hadar—, porque no es científica: todos sabemos que un raigón de una forma A al lado de cincuenta toneladas de una forma B basta para demostrar la existencia de esta primera forma A en esta región y su contemporaneidad con la forma B.

En el momento en que escribo este resumen, nuevos elementos recogidos en el oeste de Kenia, en los yacimientos de Kanapoi y Allia Bay, y datados en cuatro millones de años, acaban de ser atribuidos a una nueva especie de australopiteco, *Australopithecus anamensis,* por el equipo de Meave Leakey. De hecho, esta especie es la que podría ser contemporánea de *Australopithecus afarensis* (Lucy) en Hadar; la especie *anamensis,* de medios descubiertos, con articulaciones de bípedos exclusivos, está muy poco representada al lado de la especie *afarencis,* de locomoción a la vez arborícola y bípeda, y de medios semicubiertos, mucho más adaptada al medio ambiente del lugar.

Por otra parte, dado que Michel Brunet, de la Universidad de Poitiers, acaba de descubrir otra forma de homínido de tres millones de años en una nueva localidad de afloramientos pliocénicos de Chad, que yo di a conocer entre 1960 y 1966 —nueva forma con cuya descripción, como consecuencia, el laboratorio de paleoantropología y prehistoria del Collège de France está estrechamente relacionado—, sugiero, teniendo en cuenta el conjunto de elementos publicado aquel día de agosto de 1995, el esquema filético siguiente.

Observemos que la multiplicación de denominaciones genéricas es voluntariamente excesiva para diferenciar mejor las ramas.[26]

Es conveniente, sobre todo, leer en el árbol una complejidad muy grande pero muy normal (¡ahora estamos lejos de la concepción muy simplista de una sola especie dotada de una diferenciación sexual especialmente clara!).

Hay que comprender el esquema como un despliegue totalmente normal (modelo envejecido) desde una cuna esteafricana, a los 3,5 millones de años hacia el sur (pie con hallux en abducción del nivel 2 de Sterkfontein anunciado en julio de 1995) y a los tres millones de años hacia el oeste (despliegues probablemente muy anteriores a estas fechas).

Conviene seguir una evolución parcial de grácil a robusto, en África del este y en África del sur, independiente en las dos provincias, pero a partir de los mismos «datos» anatómicos y con la presión del mismo desecamiento del medio (Yves Coppens, 1975).

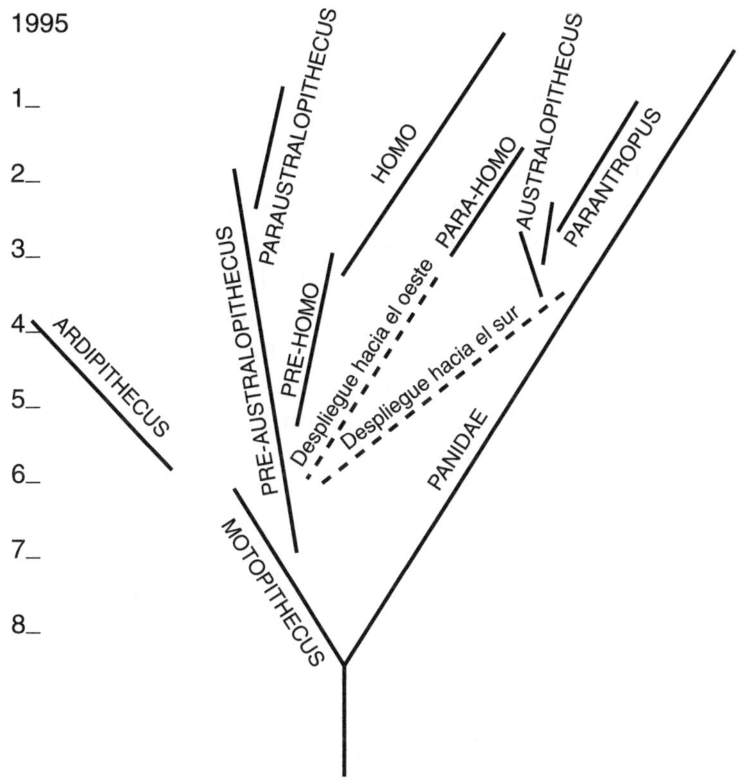

Propuesta de árbol filético de los Hominidae (agosto de 1995); el tiempo se expresa en millones de años.

También conviene ver, en la forma *afarensis,* un probable primer paso hacia el hombre (traducido en este esquema de manera torpe por la denominación de pre-*Homo),* porque las articulaciones de los miembros inferiores y superiores ya están ahí y por primera vez son «modernas».

Finalmente, conviene ver, en la forma chadiana de sínfisis vertical y premolares muy molarizados, una variante geográfica de la misma cepa, pero de evolución original (llamada aquí de manera muy torpe para-*Homo).*

Con razón o sin ella, este esquema atribuye el gran papel genitor a una etapa antigua de pre-*Australopithecus (Austra-*

lopithecus afarensis) o a una etapa inmediatamente anterior todavía desconocida o todavía no reconocida, puesto que de ella derivarían, por una parte, las formas robustas esteafricanas *(aethiopicus, boisei, rudolfensis, habilis)* y, por otra parte, las formas emigradas *(africanus* y *robustus* hacia el sur y chadiana por el momento sin nombre hacia el oeste).

Recordemos que, antes del reinicio de los trabajos en Kanapoi (excavado por primera vez por el equipo de Bryan Petterson en 1963) y de Allia Bay, que condujeron al reconocimiento de la especie de homínido nuevo *Australopithecus anamensis,* el equipo de Richard Leakey primero y después el de su mujer Meave Leakey dieron a conocer la secuencia llamada del Oeste-Turkana o formación de Nachukui, de 730 metros de potencia y formada entre cuatro millones de años y menos de un millón; por orden de antigüedad, se recogieron allí el famoso *black skull* en un nivel de 2,5 millones de años *(Australopithecus aethiopicus* [Arambourg y Coppens], 1967), un fragmento de cráneo de *Homo habilis* en un nivel de 1,65 a 1,9 millones de años y el sorprendente esqueleto casi completo de *Homo erectus* de 1,55 millones de años, pero también importantes conjuntos líticos muy antiguos: herramientas muy rudimentarias (cantos tallados, lascas defectuosas, lascas rotas en las que se nota una falta de adecuación de las acciones técnicas a las materias primas empleadas), datadas en al menos 2,35 millones de años, quizás un poco más; herramientas retocadas datadas en alrededor de 1,8 millones de años, y herramientas simétricas groseras claramente bifaces, datadas en 1,6 a 1,7 millones de años, el yacimiento «achelense» más antiguo conocido hasta el momento.

El grupo de los australopitecos que se prolonga hasta aproximadamente un millón de años no tenía ninguna razón para reducir su creatividad al hacerse *Homo* a los tres millones de años, de ahí, probablemente, la proliferación de formas atribuidas a este género y ahora reconocidas (quizás), *Homo rudolfensis, Homo habilis, Homo ergaster, Homo erectus,* hasta que solamente una de ellas prevalezca. Naturalmente, ésta tiene los comportamientos de sus caracteres, precisamente los que hacen de ella una especie perteneciente al género *Homo* y no a otra: encéfalo volumétricamente más desarrollado que el de su predecesor, dentadura correspondiente a una dieta de un espectro mucho mayor que el de sus ancestros, lo cual puede traducirse por «mayor curiosidad y mayor movilidad», a lo que se puede añadir una presión demográfica incontestable y una mayor adaptabilidad a los diversos medios abordados (hasta ciertos límites) gracias a un conjunto de herramientas que crece y se diversifica. Estas condiciones nuevas hacen que no haya que sorprenderse de encontrar ahora *Homo* por todas partes, desde el conjunto de África hasta toda Eurasia, de dos millones a 2,5 millones de años (modelo envejecido).

Es una constatación que a los paleoantropólogos y los prehistoriadores les cuesta admitir; sin embargo, una bonita secuencia estratigráfica de 30 a 40 metros de potencia de la depresión de Guadix-Baza, en la región de Granada, proporciona una sucesión de niveles fosilíferos y de niveles arqueológicos quizás a partir de 1,8 millones de años; una docena de yacimientos del Macizo Central francés escalonados entre un poco menos de un millón de años y un poco más de dos (quizás hasta 2,6) ofrece auténticas herramientas o piedras rotas, huesos con incisiones o marcas de descarnado; algunos yacimientos de Pakistán aportan herramientas ciertamente más antiguas de un millón de años, algunos de ellos puede que superen incluso (Riwat, valle de Soan) los dos millones de años; para terminar, acaba de obtenerse una datación con argón 40 / argón 39 de 1,8 millones de años ± 40.000 años (aunque discutida con buenos argumentos por los paleontólogos holandeses) en un yacimiento de homínidos javanés: *«Anthropologists didn't want to see anything that old...»* (los antropólogos no querían ver algo tan antiguo), dice perfectamente el datador.

Los interesantes descubrimientos recientes de Georgia (mandíbula de 1,5 millones de años de Dmanissi), de España (numerosos restos humanos de cerca de 800.000 años en la Sierra de Atapuerca) y de Gran Bretaña (tibia de 500.000 años de Boxgrove), sin representar los récords que pretenden ilustrar, no dejan de ser importantes hitos en la inmersión cronológica que debemos esperar (siempre el modelo envejecido).

Como una especie de carta abierta de las cosas y los seres prehistóricos a los seis mil millones de hombres del siglo XXI, el curso, a modo de conclusión, retoma los grandes datos de la historia del universo (complicación creciente de la materia, que pasa de inerte a viviente y después a pensante), el principio de unidad del mundo vivo y de su evolución por filiación, las grandes cifras de la crónica de la vida (2.000 millones de años de vida estrictamente unicelular sin núcleo, mil millones de años de vida todavía unicelular pero con núcleo y mil millones de años de vida pluricelular, es decir, 3600 millones de años de vida estrictamente en el agua, 400 millones de años de vida sobre los continentes, tres millones de años de vida humana), las grandes cifras de la crónica del hombre (tres millones de años de paleolítico inferior, 200.000 años de paleolítico medio, 35.000 años de paleolítico superior, 12.000 años de neolítico o casi, 6000 años de escritura). El curso termina por las nociones consecutivas, fáciles de comprender y de enunciar, de respeto por el universo, de respeto por el mundo viviente (nuestra familia), de respeto por los hombres de antes (si hubiéramos dicho menos tonterías sobre los hombres prehistóricos, habríamos resuelto mucho más deprisa muchos de los problemas referentes a ellos), de respeto por los hombres de otros lugares (todos los hombres tienen el mismo origen; no puede haber primitivos contemporáneos).

1999-2000
La actualidad del pasado

El propósito de este curso era pasar revista, por supuesto intentando interpretarlos y colocarlos en los grandes esquemas de comprensión de la historia del hombre, a los descubrimientos más recientes de la paleoantropología y de la prehistoria. Por otra parte, tomamos la decisión de presentarlos en el orden inverso a su antigüedad.

El primer tema abordado fue, por consiguiente, la historia del mamut Jarkov, recientemente extraído del permafrost siberiano y de solamente 20.000 años de antigüedad (datación C14).

El género *Mammuthus,* como los otros dos géneros de elefantes, *Elephas* y *Loxodonta,* apareció bajo los trópicos africanos hace alrededor de cuatro millones de años (como *Australopithecus afarensis* y *anamensis);* recibió el nombre de *Mammuthus subplanifrons*. Después se desplegó a través de África (convirtiéndose en *Mammuthus africanavus)* y Eurasia (donde se le conoce con el nombre de *Mammuthus meridionalis)* hace tres millones de años (como *Homo);* ante los efectos de las glaciaciones, se le ve adaptarse al frío y aparece, hace 1,5 millones de años, la filiación *Mammuthus trogontherii (Mammuthus intermedius)* y, a partir de 250.000 años, *Mammuthus primigenius* en Eurasia, la sucesión *Mammuthus colombii* y más tarde, hace sólo 100.000 años, *Mammuthus primigenius* en América del Norte.

La historia de la evolución morfológica de los elefantes es muy original; el aumento del tamaño del animal (fenómeno frecuente en muchas líneas de mamíferos), que comporta una importante elevación de la cabeza, produjo una extraña prolongación de los músculos de la nariz y del labio superior y su fusión, formando la trompa, para explotar los recursos del suelo. Por otra parte, el aumento de volumen del cráneo y su acortamiento anteroposterior incitaron a la dentición malar a organizarse, de manera «hábil» y por una cuestión de lugar, en sucesiones horizontales (seis molares por cada media mandíbula en setenta años) en lugar de verticales.

Mammuthus primigenius, el mamut lanudo, es, pues, el elefante que mejor se adaptó al frío; era de tamaño medio (tres metros en la cruz, de cuatro a seis toneladas), tenía la cabeza en forma de cúpula, la espalda descendente, el pelaje denso (lana y túnica), las orejas pequeñas, la cola corta y las defensas (incisivos) suntuosamente espirales, a veces de más de cuatro metros (hasta 90 kg).

Al vivir en la estepa herbosa, de Gran Bretaña a Siberia y Alaska, sus molares se adaptaron maravillosamente al consumo, muy abrasivo, de gramíneas, lo cual aumentó el volumen de su armazón y la superficie de sus láminas de esmalte, en otras palabras, su número (algunos de los últimos molares pueden tener hasta 26 láminas).

Los hombres que fueron sus contemporáneos evidentemente cazaron a los mamuts por su carne. Pero sus huesos y sus defensas también fueron muy utilizados para la construcción y la fabricación de objetos utilitarios, objetos de arte, instrumentos de música y armas. Por otra parte, el mamut, un animal importante en la mitología del paleolítico superior, se grabó, pintó y esculpió en abundancia.

Resulta que fui yo quien montó, en el Museo Nacional de Historia Natural de París, en 1957, el único esqueleto de mamut siberiano procedente de Rusia. Resulta que participé en su momento en la operación Mammuthus, que acababa de sacar del sedimento de la península siberiana de Taimir un cadáver de mamut congelado, llamado Jarkov, por el nombre de su «inventor». El cadáver y su embalaje natural, que se transportaron colgados de un helicóptero hasta Khatanga, a 250 kilómetros de allí, fueron colocados en el mismo permafrost (esta vez en un sótano) para que no se rompiera la cadena de congelación. Era la primera vez que se realizaba algo así, y se realizó con éxito. Se empezaron a tomar muestras de este bloque-cadáver, a –15 °C desde hacía 20.000 años.

El acontecimiento siguiente fue el descubrimiento en Namibia, sobre la mesa de un geólogo minero (¡lo había convertido en un candelabro!), de una calota craneal de un *Homo sapiens* antiguo, pues tenía un centenar de miles de años. Este descubrimiento insólito fue realizado en 1998 por dos colegas, Brigitte Senut y Martin Pickfort, invitados a cenar en casa del descubridor. Éste había recogido el fragmento del cráneo en cuestión, unos diez años antes, a orillas del río Orange, en un yacimiento del que afortunadamente se acordaba; se trataba de un nivel de arcilla negra compactada muy fina que, por otra parte, llevaba algunas huellas de pasos de hipopótamos, de grandes rumiantes y de avestruces.

La calota craneal es alargada, aplanada y más bien grácil; su región frontal es estrecha, ligeramente carenada sagitalmente, pero claramente enderezada; la región parietal, muy ensanchada, ofrece un ligero sulcus intraparietal; la región supraorbitaria es fuerte y el arco superciliar está bien marcado. La capacidad craneal debía de ser superior a 1000 cm^3 y el hueso, en general muy grueso, llegaba a veces a 1,5 cm (13,3 mm cerca de la sutura lamboidea, por ejemplo) de una tabla a otra.

Tuve el honor de presentar este cráneo, con Brigitte Senut, al presidente de la República de Namibia en presencia del presidente Chirac, durante la colocación de la primera piedra de la Casa franconamibia en Windhoek, en junio de 1998. La pieza, estudiada en París, ha regresado ahora a su país de origen, donde se encuentra expuesta.

La tercera actualidad de este año son los extravagantes descubrimientos de la región de Burgos, en España; en efecto, una red de karsts de la sierra de Atapuerca, un macizo calcáreo cretácico, está proporcionando a sus excavadores, Juan Luis Arsuaga, José María Bermúdez de Castro y Eudald Carbonell, restos de hombres fósiles, herramientas y fauna de alrededor de ochocientos años en la Gran Dolina, y de alrededor de trescientos mil años en la Sima de los Huesos.[27]

Este último yacimiento, que ya ha proporcionado más de tres mil restos de hombres fósiles, parece haber sido una especie de pozo funerario; evidentemente, sólo en lo referente a la historia del tratamiento de los muertos, se trata del importante descubrimiento de la atención especial prestada por los hombres a los cadáveres de algunos de los suyos, doscientos mil años antes de las primeras sepulturas.

Los cráneos de este yacimiento (los de 300.000 años) muestran una bóveda craneal alta, un prognatismo importante, un proceso mastoideo fuerte, una neumatización muy desarrollada, unas órbitas pequeñas por encima de una abertura nasal muy generosa y, como en el hombre de Neandertal, un torus supraorbitario fuerte y continuo, ausencia de fosas caninas, un espacio retromolar y una morfología especial de la región occipital.

El paleomagnetismo inverso y la fauna se han puesto perfectamente de acuerdo para atribuir 800.000 años a los homínidos de la Gran Dolina. Los cráneos muestran esta vez bóvedas menos altas de frontales arqueados, aunque con el mismo intenso prognatismo y la misma importante neumatización que quinientos mil años más tarde; por otra parte, evidentemente la neandertalización no está tan avanzada: la fosa canina sólo está parcialmente llena, por ejemplo, y el torus supraorbitario todavía es doble, pero las fosas incisivas son bien verticales, la apófisis mastoides es pequeña y menos proyectada que la región occipitomastoidea, el surco digástrico se oblitera anteriormente, etcétera. José María Bermúdez de Castro quiso ver en ello, en 1997, «el último ancestro común conocido de neandertales y humanos modernos» y llamó a este hombre de la Gran Dolina *Homo antecessor*.

Ya he tenido ocasión de proponer a esta tribuna mi visión del poblamiento de Europa. No me sorprendería saber que los primeros poblamientos humanos llegaran hace más de dos millones de años (por consiguiente, vería mejor como primer ocupante a un *Homo habilis*[28] que a un *Homo ergaster).* El cierre glaciar de Europa comportó después con mucha rapidez —a partir de 1,5 millones de años, *Mammuthus trogontherii* empieza su adaptación al frío— la deriva genética de estas poblaciones y la neandertalización se puso en marcha.

Por consiguiente, para mí, los hombres de la Gran Dolina parecen formas en las que la deriva ha empezado. Sus modernidades sólo parecen plesiomorfias. Si llamamos *Homo heidelbergensis* a los neandertales más antiguos, decir que los hombres de la Gran Dolina son *Homo helderbergensis* me conviene mucho, tanto más cuanto que los autores españoles escriben que la filiación de hombres de la Gran Dolina (poco neandertalizados pero al menos un poco) y hombres de la Sima de los Huesos (mucho más neandertalizados) es totalmente concebible.

Si continuamos nuestro descenso en el tiempo, emergen ahora de la actualidad los extraordinarios descubrimientos de hombres fósiles de Dmanissi, en Georgia, datados por el K/Ar de un basalto y por la fauna asociada en 1,8 millones de años; se descubrió una mandíbula humana en 1991 y después un tercer metatarsiano, pero la campaña de excavaciones de 1999 extrajo esta vez dos cráneos (un cráneo de adolescente y una bóveda craneal de adulto). Los arqueólogos que excavaban una ciudad medieval fueron los que encontraron las primeras vértebras fósiles y alertaron a su colega paleontólogo de Tbilisi, Leo Gabunia. En efecto, las ruinas medievales descansan sobre cuatro metros de sedimentos (arcilla, toba calcárea, marga, limo) que contiene vértebras (por lo tanto, a los hombres) y numerosas herramientas.

La mandíbula, de rama ascendente muy anterior (al revés de lo que ocurre en el neandertal), tenía una gran robustez bajo unos dientes malares sin embargo pequeños. Su semejanza se dirige más bien hacia el *Homo ergaster* del este del Turkana o el *Homo habilis* de Olduvai.[29] En cuanto a los cráneos, se diría que están extraídos de Kenia, por lo que recuerdan, por ejemplo, al KNM ER 3733 de Koobi Fora; en otras palabras, a *Homo ergaster*. Finalmente, las herramientas son *choppers, chopping tools* y lascas que evocan un olduvayense clásico.

Para terminar el curso, llevamos a cabo esta vez una revisión de conjunto de los «casi humanos» de los trópicos, una revisión que se hace necesaria ante el anuncio reciente del descubrimiento del australopiteco de Sterkfontein 2 (1995), la de *Autralopithecus bahrelghazali* (1995) y la de *Australopithecus garhi* (1999). Para facilitar la lectura filética, colocamos a estos australopitecos *(sensu lato)* y a los primeros hombres que fueron contemporáneos de algunos de ellos en escalones cronológicos sucesivos. Dibujamos así una escalera de seis peldaños, de abajo arriba, el peldaño de 4,5 millones de años, el peldaño de cuatro millones de años, el peldaño de tres millones a 3,5 millones de años, el peldaño de 2,5 millones a tres millones de años, el peldaño de dos millones de años y el peldaño de un millón de años.

Ardipithecus ramidus (4,4 millones de años) ocuparía por sí solo el primer peldaño; *Australopithecus afarencis* (3,9-2,9 millones de años) y *Australopithecus anamensis* (4,2-3,2 millones de años), el segundo; el australopiteco más antiguo de Sudáfrica (3,3 millones de años) y el australopiteco de Chad (3-3,5 millones de años), el tercero; *Australopithecus africanus* (3-2,3 millones de años), *Zinjanthropus aethiopicus* (2,8-2,3 millones de años), *Australopithecus garhi* (2,5 millones de años) y *Homo rudolfensis* (2,5-1,8 millones de años), el cuarto; *Paranthropus robustus* (1,9-1,5 millones de años), *Zinjanthropus boisei* (2,3-1,4 millones de años), *Homo habilis* (1,9-1,6 millones de años, el quinto; los últimos *Paranthropus,* los últimos *Zinhanthropus* y *Homo ergater,* el sexto. La filiación *A. afarensis - A. sp.* de Sterkfontein - *A. africanus - P. robustus* me parece posible; representaría una historia regional, únicamente sudafricana. La filiación *A. afarencis - Z. aethiopicus - Z. boisei* podría representar el desarrollo esteafricano de la especie de Lucy. *A. anamensis* podría ser el origen de *Homo,* sucesivamente *rudolfensis, habilis* (sin duda compuesto) y *ergaster. A. anamensis* podría también haber sido el ancestro de *A. bahrelghazali.* En cuanto a *A. garhi,* es difícil relacionarlo con algo; *A. afarensis* podría, en última instancia, representar su forma ancestral.

Por otra parte, es interesante observar que las herramientas fabricadas podrían muy bien aparecer a partir del peldaño 2 (Omo) y que, en cualquier caso, se encuentran incontestablemente allí en el peldaño 3 (Omo, Hadar, Bouri, este y oeste del Turkana).

Así pues, la *East Side Store* delimita bien a los homininos hace ocho millones de años en el este, *A. afarensis,* arborícola, de *A. anamensis* que ya no lo es, y despliega al primero hacia el sur y al segundo hacia el oeste. *El acontecimiento del (H)Omo* permite, como su nombre indica, la emergencia del género *Homo (rudolfensis),* pero también de *Zinjanthropus (aethiopicus),* de *A. garhi* y *de A. africanus,* formas que, a pesar de su diferencia de estatuto taxinómico y de situación filética, responden a la desecación con la posesión de enormes dientes malares. La línea australopitecina sudafricana con *Paranthropus rubustus* y la línea australopitecina esteafricana con *Zinjanthropus boisei* se empeñan en esta respuesta, mientras que el género *Homo,* dedicado a la caza, diverge definitivamente de esta ostentación robusta «eligiendo» la dentadura armoniosa del omnívoro y la gran cabeza del intelectual *(H. habilis, H. ergater, H. erectus).*

Este plano de conjunto nos ha permitido una vez más constatar la ausencia inquietante de ancestros de los Gorillinae, pero también constatar el incontestable parentesco de los Hominidae y los Gorillinae, cuyas culturas y tradiciones culturales por región empezamos a conocer bien (y sin embargo, por supuesto, el hombre no es un mono, y el mono no es un hombre). Por último, nos ha permitido datar, en cierta medida, la emergencia de lo que hemos llamado la materia pensante, superior a la de todos los «primos», entre 3,5 y 2,5 millones de años.

2000-2001
El conjunto de los antepasados

El curso empezó por ubicar al conjunto de los primates, desde su origen en el cretáceo superior y el paleoceno de Sudamérica, hace 65 a 70 millones de años. Todos los primates, los primeros mamíferos que se apoderaron del mundo de los árboles y de la dieta frugívora que lo acompaña, se caracterizan por el desarrollo del cerebro, de la aptitud para comunicarse (mímica, vocalización), de la capacidad para agarrar (en detrimento de la olfacción) y de la vida social, todo esto (excepto la oponibilidad del hallux) anuncia, evidentemente, lo que encontraremos muy desarrollado en los homínidos.

Se describen las tres grandes ramas que subdividen el orden, los plesiadapiformes únicamente fósiles, los estrepsirrinos —adapiformes y lemuriformes, con la mucosa que prolonga la nariz, y de vida nocturna, y los haplorrinos—, tarsiiformes y simiiformes —de nariz simplificada y rostro corto—, en su despliegue espacial y temporal y en sus relaciones de parentesco.

Recuperando la historia de los haplorrinos, Jean-Jacques Jaeger, profesor de la Universidad de Montpellier, vino a contarnos sus investigaciones en Asia. Allí es, hace 55 a 60 millones de años, dijo, donde hay que situar a los tarsianos y, entre los simiiformes, a los antropoides. *Eosimias* de China (45 millones de años) y *Birkinia* de Birmania (40 millones de años) con caracteres hominoides incontestables, después *Amphipithecus* y *Pondaungia* de Birmania, *Siamopithecus* de Tailandia, *Amphipithecus* y *Oligopithecus* de Pakistán, dibujan una irradiación antigua original y sin duda ancestral (grupo hermano del de los *Aegyptopithecus, Propliopithecus* y *Oligopithecus* de Egipto y de Omán), que simulan de manera extraña la evolución de los prehumanos y de los humanos de los últimos diez millones de años en África.

Estos resultados, además de los datos totalmente nuevos que aportan, con sus consecuencias filéticas y paleogeográficas, nos hacen reflexionar sobre la importancia de la investigación en el terreno (evidentemente esencial, puesto que el suelo y el subsuelo son nuestros archivos), la importancia de la visión a «gran altura» (cronológica, se ve mejor cuando se tienen delante grandes periodos de tiempo; taxonómica, se comprende mejor cuando se puede comparar la evolución de un grupo con la de muchos otros grupos contemporáneos) y la importancia de las adaptaciones paralelas o convergentes (ante un mismo cambio medioambiental, una misma respuesta; la naturaleza no siempre tiene «treinta y seis» soluciones para una adaptación a un mismo medio, a un mismo clima, a una misma crisis).

Los Propliopithecidae africanos nos permiten, con el relevo del *Proconsul* de 20 millones de años y el de *Samburupithecus*[30] de casi diez millones de años, llegar a la irradiación de los homínidos, esta vez africana.

Brigitte Senut, conferenciante del Museo Nacional de Historia Natural, y Martin Pickford, conferenciante del Collège de France, nos presentaron al homínido más antiguo conocido hasta el momento, *Orrorin tugenensis,* de seis millones de años, que habían encontrado hacía sólo unos meses en Kenia.

Orrorin es un ser pequeño, todavía arborícola para escapar de los depredadores; tiene un húmero con una cresta lateral recta para el músculo supinador largo como los húmeros de los chimpancés, y unas falanges cortas como las de los primates que trepan; pero el fémur tiene una cabeza maciza, esférica y más ancha que el cuello, una cortical muy fuerte en la parte inferior, un gran trocánter menor, un surco intertrocantéreo corto y una línea áspera ancha y baja para los poderosos músculos glúteos (de las nalgas), caracteres relacionados con un bipedismo frecuente. Finalmente, los dientes tienen un esmalte grueso como los de todos los australopitecos, pero son pequeños y cuadrados, y en este sentido mucho más humanos que los macizos de estos últimos.

Ahora bien, en marzo de 2001, Meave Leakey y seis de sus colaboradores describieron también un nuevo homínido en Kenia, éste de 3,5 millones de años, que, además de la cara plana (apomorfia) y de un conducto auditivo externo estrecho (plesiomorfia), presentaba también dientes de esmalte grueso y de dimensiones muy pequeñas; lo denominaron *Kenyanthropus platyops*.

Si volvemos con toda esta información nueva al conjunto de los datos referentes a los prehumanos, nos encontramos, por tanto, ante un grupo de cuatro elementos, el primero (de 5,8 a 4,4 millones de años), *Ardipithecus,* bípedo y arborícola, con dientes de esmalte delgado —son los únicos del este africano que presentan este tipo de dientes de «gran simio»—; el segundo (de cuatro a un millón de años), reúne a *Australopithecus afarensis, Zinjanthropus aethiopicus* y *Zinjanthropus boisei,* bípedos cada vez menos arborícolas, de dientes cada vez más grandes; el tercero (de cuatro a 2,5 millones de años), asocia a *Australopithecus anamensis* y *Australopithecus garhi,* con bipedismo exclusivo y grandes dientes; y el cuarto (de seis a dos millones de años), muy nuevo en nuestros conocimientos y que quizá reúne a *Orrorin,* bípedo arborícola de dientes pequeños, *Kenyanthropus,* de dientes pequeños y cara reducida, y *Homo,* bípedo exclusivo, de dientes pequeños y cara plana.

¿La característica de «dientes pequeños» sería ancestral? En este caso, el conjunto de australopiteco megadonte podría ser un derivado. El carácter de «esmalte grueso» ¿podría ser a su vez ancestral? Entonces, los grandes simios, por una parte, y la rama de los ardipitecos, por otra parte, podrían representar también derivados. Evidentemente, estamos lejos de una respuesta demostrada.

Este mundo cada vez más poblado, diverso y fascinante de los prehumanos nos conduce, por supuesto, al de los hombres, o al menos a las primeras especies del género *Homo*.

Sandrine Prat, ATER[31] del Collège de France, nos expuso su punto de vista sobre estas especies, que acababa de convertir en su tema de tesis. Para ella, el clado *Homo* es una realidad, lo cual pensaba yo también; adiós a las fantasías de *Homo afarensis,* de *Australopithecus habilis* o de *Kenyanthropus rudolfensis*. Ella confirma la especificidad de *Homo rudolfensis* (capacidad craneal mayor, cara más plana, escama temporal triangular, torus supraorbitario escaso, abertura nasal estrecha, órbitas cuadradas, premolares superiores de tres raíces) y mantiene la realidad de *Homo habilis* (estructura craneal más compleja, huesos del cráneo más delgados, escama temporal alta y redondeada, prognatismo, fosa zigomaticomaxilar, premolares superiores de dos raíces, etcétera), que yo había imaginado compuesto.

Dos especies del género *Homo,* ¡es generoso pero inoportuno! ¿De dónde vienen? ¿Cuáles son sus relaciones de parentesco? ¿Cuál es el destino de cada uno de ellos? Todas estas preguntas siguen planteadas.

Homo ergaster y después *Homo erectus* serán las formas siguientes. La descripción del cráneo 3733 del este del Turkana en Kenia, la del cráneo de Sangiran en Indonesia, la del esqueleto (por otra parte magnífico) de Nariokotone en Kenia, y la de las formas fósiles de Georgia, Indonesia y China muestran la complejidad de este conjunto de «segundos hombres». ¿Su diversidad se debe a auténticas diferencias taxinómicas o sólo a una inmensa distribución en el espacio con las diferenciaciones poblacionales correspondientes?

2002-2003
El poblamiento humano de Eurasia

El curso titulado «Los primeros poblamientos de Eurasia» se desarrolló en dos años: «Los primeros poblamientos de Europa», más específicamente, en 2002-2003, y «Los primeros poblamientos de Asia», en 2003-2004.

Los primeros poblamientos de Europa

Las nueve lecciones de este año en realidad se contentaron con relatar el despliegue de los hombres hacia el oeste, a partir de la «salida» de África por Próximo Oriente, en otras palabras, el poblamiento de Europa, reservando el de Asia para el año siguiente.

Hace mucho tiempo que enseñamos la gran antigüedad de la «manía de moverse» de los hombres; los resúmenes de las lecciones que aparecen en los anuarios lo muestran claramente en varias ocasiones desde nuestro primer curso en 1983. Nuestro razonamiento era y sigue siendo el siguiente: el género *Homo,* dotado de una mayor reflexión que sus predecesores prehumanos, de una mayor movilidad (debido a su calidad de omnívoro), de un mejor equipamiento y de una demografía creciente, debió de verse tentado a aumentar muy deprisa su territorio, tanto más cuanto que las presiones medioambientales lo impulsaban a ello. Propusimos la edad de 2,5 millones de años para datar esta primera expansión del hombre (simplemente porque los primeros restos atribuibles al género *Homo* tendrían alrededor de tres millones de años en África tropical) y, por consiguiente, el poblamiento de toda Eurasia hasta cierta latitud. Esta propuesta siempre ha sido muy criticada. ¡Ahora bien, se habla actualmente de 2,4 millones de años para las herramientas de Yiron en Israel, de 1,8 millones de años para los hombres fósiles (y sus herramientas) de Dmanissi en Georgia y quizá de más de dos millones de años para las herramientas de piedra tallada de yacimientos de Francia, España, Java y China!

Se imponía un recordatorio de la situación anterior en África. Un generoso conjunto de géneros y de especies de prehumanos repartidos por África central, África oriental y África meridional entre diez millones de años *(Samburupithecus)* y un millón de años *(Zinjanthropus)* precede y acompaña la emergencia de las primeras especies del género *Homo,* aproximadamente hace tres millones de años. Por otra parte, observemos que este conjunto de prehumanos representa la diversificación normal de una familia de mamíferos, diversificación que se podría esperar en un territorio dividido por la tectónica en múltiples cuencas. Lo sospechoso habría sido el descubrimiento de un solo linaje.

Entre un poco más de tres millones de años (3,3 millones de años) y 1,7 millones de años, se asiste en estos territorios a otra diversificación, ésta cultural y menos esperada. Herramientas muy antiguas (shungurense y hadarense)[32] y no tan antiguas (olduvayense y achelense) se suceden en un segundo conjunto formado por grupos de artefactos con una talla de apariencia aleatoria y, en cambio, series de piezas que muestran un dominio perfecto de la materia prima y de su percusión, y demuestran una excelente estrategia de lascado. Parece claro que se trata de un conjunto heterogéneo, reflejo de potencialidades motrices y cognitivas muy diferentes, en otras palabras, de obras de varios artesanos.

Esta diversidad de prehumanos y después la más modesta de los humanos, y también la diversidad de las «industrias», de fabricación quizás en parte prehumana y en parte humana, parecen reducirse a una sola rama y a unas solas herramientas a la vez cuando el hombre se despliega.

La ruta de salida del hombre del continente africano parece haber sido la de Próximo Oriente (y no la de Gibraltar). El hombre nos dejó, como Pulgarcito, un rosario de yacimientos a lo largo de su camino; cité Yiron en Israel, pero no olvidé Ubeidiya, en el límite entre Israel y Jordania, que proporcionó algunos huesos humanos, miles de herramientas y una rica fauna (56 especies de mamíferos), que data el conjunto en más de 1,5 millones de años; hablé del hallazgo, todavía inédito, de herramientas antiguas (cantos tallados) pero no datadas en el monte Líbano; después Marie-Antoinette de Lumley y Henry de Lumley (27 de mayo y 3 de junio de 2003) nos relataron el extraordinario descubrimiento de Dmanissi en Georgia. ¡Este yacimiento fue reconocido por unos arqueólogos que excavaban casas medievales cuyas bodegas habían sido construidas en sedimentos cuaternarios! El balance paleontológico y prehistórico actual se eleva, después de doce años de exploración, a cuatro cráneos, dos mandíbulas y algunos huesos poscraneales humanos, miles de herramientas (preolduvayenses) y una fauna extraordinaria (con afinidades africanas y eurasiáticas), todo ello muy bien datado (30 dataciones) en 1,8 millones de años. Leo Gabunia y algunos colegas (entre ellos Marie-Antoinette y Henry de Lumley) crearon en 2002, para este hombre asiático, el más antiguo conocido, una especie nueva, *Homo georgicus,* anatómicamente situado entre *Homo habilis* (desgaste de los molares) y *Homo ergaster* (gran longitud alveolodentaria).

Cuando se abandona esta vía de partida (Próximo Oriente) de los poblamientos de Eurasia hacia el oeste, sorprende el desfase cronológico propuesto y enseñado en la prehistoria oficial, ¡1,2 millones de años es entonces la fecha más audaz! ¡En otras palabras, se pierden cerca de un millón de años entre la placa giratoria de Levante y Europa!

Por nuestra parte, nosotros describimos, sobre todo a raíz de los trabajos de Eugène Bonifay (que vino a presentárnoslos el 6 de mayo de 2003), un poblamiento humano de Europa que se remonta a más de dos millones de años. Para permitirnos fijarlo mejor, dimos a las culturas más antiguas el nombre de *Saint Eblien* o *Sainteblien,* del nombre del yacimiento de Saint Eble en el Macizo Central, datado entre 2,2 y 2,4 millones de años; sus herramientas, que son de cuarzo, están formadas por cantos tallados, unifaces o bifaces, y herramientas en lascas más o menos retocadas (raederas, muescas, picos). Señalemos aquí que hace unos 2,3 millones de años se produjeron las primeras oleadas de migraciones de fauna llamada villafranquiense, *Mammuthus (meridionales), Equus* y cérvidos; no sería anormal que *Homo habilis (¿georgicus?)* hubiera formado parte de este movimiento. Yacimientos de España, Rumania y Chequia, pero también de Aquitania, Provenza o Languedoc podrían pertenecer a este periodo.

A continuación, se encuentra lo que hemos llamado el *nolhaciano,* porque Nolhac, en el Alto Loira, proporciona, entre 1,2 y 1,8 millones de años, cantos tallados, bolas poliédricas y herramientas sobre lascas mucho más diversificadas que en el periodo anterior: raederas, puntas llamadas de Tayac, muescas, denticulados, picos buriloides, rostrocarenados. Esta época está bien ilustrada en España (Fuentenueva), Portugal, Italia (Monte Poggiolo) y Francia en el Macizo Central, en las viejas playas fósiles del canal de la Mancha y del mar del Norte, las antiquísimas terrazas del Somme, etcétera. La fauna es la misma, pero empobrecida.

El periodo siguiente, que llamé *soleihaciano* —del nombre de Soleihac, en el Alto Loira como los dos yacimientos epónimos elegidos anteriormente—, nos hace pasar por debajo del listón del millón de años. Europa es esta vez más generosa, puesto que empieza a ofrecer hombres fósiles, un cráneo de 900.000 años en Italia que recibió el nombre de *Homo cepranensis* y ochenta restos humanos en España (yacimiento de la Gran Dolina de Atapuerca) de al menos 800.000 años que recibió el nombre de *Homo antecessor.* Evidentemente, las herramientas son poco evolucionadas, aparecen los primeros protobifaces y el yacimiento de Soleihac incluso ofrece una estructura de hábitat (un refugio cortaviento) hecho de bloques rocosos y huesos grandes de rinoceronte y elefante. Además de Francia, Italia y España, Alemania, los Países Bajos, Chequia, Ucrania e incluso Azerbaiján tienen yacimientos de esta edad y de estas culturas que utilizan siempre el percutor de piedra. Es el inicio de la diferenciación de la verdadera fauna ártica, que sustituye poco a poco a la fauna llamada villafranquiense, que había acompañado las dos primeras fases de este paleolítico muy antiguo, como lo llama Eugène Bonifay.

Se describen los periodos siguientes, así como sus culturas y sus habitantes, *Homo heidelbergensis* (700.000 años en Heidelberg) y *Homo neandertalensis* (400.000 a 500.000 años para los paleoantropólogos más «extremistas»). Es evidente que no se podrán mantener todas estas pseudoespecies humanas para Europa, *Homo georgicus, cepranensis, antecessor, heidelbergensis, neandertalensis* y por supuesto *sapiens*. Si se examinan atentamente, digamos que, aparte de *georgicus,* del que ya hemos hablado, la secuencia *cepranensis, antecessor, heidelbergensis, neandertalensis* me parece semejante a la deriva neandertalense; cuanto más antiguos son los elementos, más se parecen a *Homo erectus;* cuanto menos antiguos son, más se parecen a los neandertales clásicos. En cuanto a la discontinuidad con *Homo sapiens,* ya se ha tratado a menudo aquí.

El curso termina con un recorrido por las investigaciones sobre los poblamientos más antiguos de cierto número de regiones importantes de Francia diferentes del Macizo Central (donde se eligieron los yacimientos típicos del saintebliano, nolhaciano y soleihaciano) que, gracias a su vulcanismo, sellaron mejor que otros lugares muchos niveles antiguos.

En primer lugar, Turena: cantos tallados aislados e imposibles de datar, después industrias locales en arenales abiertos en altas terrazas de los valles del Claise, el Creuse, el Indre y el Vienne, industrias formadas por cantos tallados por las dos caras, auténticos bifaces (naviformes, lanceolados, amigdaloideos) y grandes lascas no de Levallois con filo a veces recuperado con percutor duro, que se pueden remontar a 600.000 o 700.000 años y representan los indicios de poblamiento más antiguos que se habían recogido hasta el momento.

Poitou: algunos *choppers* de cuarzo en el valle del Vienne y numerosos protobifaces y bifaces amigfaliformes toscos recogidos a orillas del Dive du Nord en Deux-Sèvres, sin duda representan los testimonios más antiguos de poblamiento recogidos hasta ahora. Pero conviene añadir los hallazgos de bifaces un poco menos antiguos de Yzeures-sur-Creuse en Indre-et-Loire, de Ouchette en Montbert, en Loire-Atlantique, de Puits-d'Enfer en Château-d'Olonne, en Vendée, etcétera. La antigüedad de estos restos no supera la de los hallazgos de Turena.

Un yacimiento de una terraza alta del Vilaine (30 metros sobre el nivel del río) ofrece sin duda las herramientas más antiguas que se conocen en Bretaña: grandes raederas, gruesos raspadores, enormes muescas y *chopping tools* típicos; se llama Saint-Malo-de-Phily y puede datarse en 600.000 a 700.000 años. El periodo inmediatamente posterior, más generoso, ofrece, por una parte, gran cantidad de bifaces aislados a través de toda la península y, por otra parte, una facies muy original del paleolítico inferior de la costa sur (entre el oeste de Finisterre y Noirmoutier) llamada colombaniana (del nombre del primer yacimiento descubierto, cerca de Carnac, Saint-Colomban, que yo mismo excavé): grupos pequeños de personas que se establecieron en antiguas playas, vivían de los productos del mar (conchas) y tallaban grandes herramientas en cantos rodados y herramientas ligeras en lascas; los bifaces son raros y el lascado de Levallois está ausente; conocían el fuego y su edad se estima entre 450.000 y 500.000 años.

Normandía también nos hace esperar sin superar mucho los seiscientos mil años, como el resto de Francia septentrional. Por otra parte, dos yacimientos excelentes del valle del

Sena, Saint-Pierre-les-Elbeuf y Tourville-la-Rivière, nos desvelan el achelense de cuatrocientos mil años y toda su fauna; los hábitats costeros (estructuras, postes, hogares) —Port-Pignot en Fermanville y Gélétan en Saint-Germain-des-Vaux—, sin duda un poco menos antiguos, no dejan de ofrecernos un achelense muy interesante con lascado de Levallois local.

Para terminar, Champagne-Ardenne, con su achelense de los aluviones antiguos del Sena, el Marne, el Aisne, el Meuse y el Vesle, no supera la antigüedad de los poblamientos encontrados en Turena, Poitou, Bretaña o Normandía.

Si esta gran antigüedad de los poblamientos de Europa se confirma, en cualquier caso nos habrá enseñado que los hombres llegaron por el corredor del Mediterráneo y no lo desbordaron demasiado durante muchos años, antes de aventurarse más al norte cuando las condiciones climáticas, y probablemente su desarrollo tecnológico y psíquico, les permitieron este nuevo despliegue. En efecto, entonces aparece el percutor blando, el dominio del fuego, el lascado de Levallois y toda una serie de mejoras en el hábitat (empedrados, muretes, postes, calces, zonas de combustión, especialización de los espacios domésticos, etcétera).

2003-2004
El poblamiento humano de Eurasia (continuación)

Los primeros poblamientos de Asia

No es inútil precisar que la parte asiática de Eurasia es inmensa y, por lo tanto, el tema también. Por ello, fue necesario realizar una selección de grandes provincias para tratarlas con mayor detalle; se habló de Próximo Oriente, por donde llegó el hombre a partir de su continente africano de nacimiento, y de Extremo Oriente que, unido al norte y al nordeste siberiano, fue la base de partida del hombre hacia América y que, unido al sudeste, lo fue hacia Australia y más tarde hacia Oceanía.

A pesar de que la descripción del yacimiento de Dmanissi —Georgia, 1,81 millones de años— y de su contenido extraordinario se hubieran tratado el año anterior, se recordó el interés de este descubrimiento: *Homo erectus / Homo habilis,*[33] llamado por esta razón *Homo georgicus*. En este orden de fechas, también se citaron el yacimiento de Ubeidiya[16] —Israel, 1,5 millones de años—, rico en restos humanos, sus herramientas y sus residuos de cocina, y el de Yiron, Israel, 2,4 millones de años (?).

En la región —Turquía, Siria, Líbano, Israel, Palestina, Jordania—, incontestablemente Siria es la mejor estudiada. Las culturas más antiguas (reconocidas) tienen alrededor de 1,4 millones de años y destacan por su riqueza, su originalidad y su sello regional. Lo que está clasificado con la rúbrica africanoeuropea de achelense antiguo proporciona inmediatamente, unas al lado de las otras, unas herramientas formadas por cantos tallados, grandes lascas anchas y gruesas, y algunos bifaces primitivos en el valle del Nahr-el-Kebir y una industria de cantos tallados y pequeñas lascas sin bifaces en el valle del Oronte (Rift). En el achelense medio (a partir de 900.000 años), continúan las dos tradiciones y conviene añadir herramientas más específicas del desierto. El achelense llamado reciente marca el apogeo de este largo periodo: los cantos tallados disminuyen; los bifaces, tallados con percutor blando, son muy cuidados, ovalados, cordiformes o amigdaloides. El yacimiento de Nadaouiye proporcionó un fragmento (parietal izquierdo) de su artesano en un nivel de 400.000 a 500.000 años (Le Tensorer). Se distingue todavía otro achelense reciente, que se llama achelense reciente evolucionado, de 350.000 años, con pequeños bifaces y herramientas ligeras, especialmente fecundo puesto que es el origen de un florecimiento de industrias, todas más o menos contemporáneas y de transición con el musteriense, acheleoyabrudense, yabrudense (raederas gruesas), preauriñaciense (hojas), amudiense, hummaliense (hojillas), achelense final, achelense final de la costa o samukiense, achelense final del Oronte o defaayense. El paleolítico medio continúa por tanto con sus herramientas ligeras —raederas, puntas, cuchillos, denticulados— en gran aumento; está representado, entre 200.000 y 400.000 años, por numerosos yacimientos, como el de Dederiye, que proporcionó en Takeru Akazawa y Sultan Muhesen los restos de quince individuos, dos de ellos en sepultura, todos neandertales, el menos antiguo datado con carbono 14 en 48.000 años. Un paleolítico superior, original por muchos rasgos, pero menos rico, sucede al musteriense; se divide en ahmariense, auriñaciense, levantoauriñaciense, kebariense y atlitiense, estos tres últimos microlíticos. Se encuentran muchos signos simbólicos, piedras grabadas, sílex con incisiones, bolas de ocre, betún y ofrendas en las sepulturas.

La segunda gran provincia estudiada fue Siberia y, al mismo tiempo, el paso de Asia a América.

El estrecho de Bering, con una profundidad de menos de cien metros y una anchura de menos de cien kilómetros, que se vaciaba cada vez que las glaciaciones movilizaban sus aguas, se consideró el camino privilegiado de paso de los hombres de Eurasia hacia América. Hubo otros posibles pasos, por tierra (las mesetas continentales emergidas) o por mar, pero no se tuvieron demasiado en cuenta.

Los autores más optimistas sugieren «travesías» desde hace 70.000 años (a veces más), basándose en industrias de tipo *pebble culture* halladas en China y en Kamchatka, y en *choppers,* bifaces, gruesos cepillos y grandes raederas encontrados en Canadá, California, México, Perú, Nicaragua y Brasil, y datados en 70.000 a 50.000 años (cifras muy discutidas). Habría podido producirse un segundo paso hace unos 40.000 años; se habla entonces en Eurasia de herramientas adaptadas a la vida subártica (industrias de Ordos en el norte de China) y en América de herramientas que comportan sobre todo puntas arrojadizas que pronto caracterizarán la prehistoria americana (yacimientos de Canadá, Texas, México, Perú, Brasil y Argentina datados en 30.000 a 15.000 años). Se habría identificado un tercer paso entre 28.000 y 24.000 años, ilustrado por la cultura de Kostienki en Ucrania y la industria del yacimiento del hospital de Irkutsk, en Siberia; puntas bifaciales, foliáceas, hojas, buriles y raspadores descubiertos en Alaska, Canadá, Oregón, México, Venezuela, Perú y Chile representarían la traducción americana entre 25.000 y 13.000 años.

Quizás esta fase es la que acaba de ser reconocida de manera más rigurosa, tanto en Siberia (yacimiento de 30.000 años, de finales del periodo interglaciar justo antes de la última glaciación, a orillas del río Yana [71ºN], que comporta herramientas —*pebbles,* bifaces, piezas en punta, raspadores— y fauna) como en Estados Unidos (herramientas recogidas bajo morrenas en Alberta).

En la «huella» de este estadio, América, aislada durante algún tiempo, habría producido sola sus admirables puntas arrojadizas, trabajadas bifacialmente en hojas, industria llamada de Llano, punta de Sandia, de Clovis y de Folsom en América del Norte, industria toldense en América del Sur.

Hace 12.000 años, se habría producido un nuevo paso, preparado por los complejos auriñacoides de Eurasia, de 27.000 a 13.000 años de antigüedad (con tradición bifaz como en Ust Kanskaia y en Altai, o sin ella, como en Malta en Siberia o en Shirataki en Hokkaido) y traducido por las culturas epigravetienses de 12.000 a 10.000 años en América, ancestros de las culturas aleut y de las culturas esquimales. Toda América está entonces ocupada, desde las costas del Ártico hasta Tierra del Fuego; aparece el arte y también la domesticación de ciertos mamíferos (camélidos en las regiones andinas).

Los yacimientos de Ulski en Kamchatka, Siberia, y de Dyuktai en Yakutia, que ofrecen a la vez herramientas, fauna y buenas dataciones de 14.000 a 10.000 años, pueden tenerse en cuenta como punto de apoyo para la preparación de este cuarto paso. América ya no tenía entonces necesidad de nadie para prolongar el poblamiento del norte de América del Norte con el de Groenlandia (5000 años) y el de connotación neolítica de sus dos continentes con el extraordinario desarrollo de sus grandes civilizaciones: azteca, olmeca, maya, inca, navajo, etcétera. Al final, el último milenio está marcado por el aumento de la porosidad de América, que esta vez recibe visitas tanto del lado del Atlántico como del lado del Pacífico y da lugar a las bellas culturas *melting-pot* que conocemos.

El poblamiento de Asia, que por supuesto se produjo de oeste a este, tuvo que llegar muy temprano al extremo de Oriente.

Ante el descubrimiento en China de un gran primate de siete millones de años, *Lufengpithecus,* algunos autores incluso sugirieron que el hombre podría haber surgido de allí. Esta opinión no tuvo demasiada aceptación, pero, en cambio, los restos recogidos de 1,5 a dos millones de años o más se tomaron mucho más en consideración. Ralph von Koenigswald ya había llamado la atención, a finales de los años treinta y hasta los años setenta, sobre la posible existencia de homínidos muy antiguos, de varios millones de años, tanto en

China como en Java (llamados *Hemanthropus* y después *habilines).* Yo he pensado desde siempre que el despliegue de los hombres desde la emergencia del género *Homo* tuvo lugar sin demora de la cuna tropical africana a todo el Viejo Mundo, hasta cierta latitud, evidentemente. Por lo tanto, no me sorprendería que pudiera demostrarse o confirmarse la existencia de homínidos de dos a 2,5 millones de años en este amplio Extremo Oriente de Asia.

Los siguientes yacimientos, por otra parte muy numerosos, generan unanimidad sin riesgos. Se podría hablar de una segunda serie situada entre 1,4 millones y 700.000 años. Se trata de Gongwangling, que proporcionó, en un arenal fluvial, fragmentos de una calota craneal y de un macizo facial *(Homo erectus* arcaico) asociados a herramientas y a fauna, de Yanxian, que también aportó cráneos con herramientas y una fauna muy similar a la de Gongwangling, en un limo muy concrecionado, y de Chenjiawo, donde se descubrió una mandíbula humana, parecida a las de Zhoukoudian, en un loess menos antiguo que los niveles con homínidos precedentes.

Otros tres yacimientos pertenecen a niveles de medio millón de años aproximadamente: se trata de la famosa localidad 1 de Zhoukoudian, cuyas brechas, que llenan la cavidad kárstica, proporcionaron, entre los años 1920 y 1930, los restos de unos cuarenta individuos *(Homo erectus)* asociados a fauna, herramientas y restos de fuego, de los limos de la cueva de la Coloquinte, que ya han dado dos cráneos humanos y una buena fauna, y del yacimiento en cueva de Hexian, con restos humanos más evolucionados que los de Zhoukoudian.

Tres yacimientos más ocuparán el nivel de 400.000-200.000 años; son Dali, Jinniushan y Dingcun. Los restos humanos que proporcionaron dan la interesante sensación de que pertenecen a la descendencia de *Homo erectus* (cráneo de contorno pentagonal en visión posterior, escama frontal huidiza, superestructuras óseas importantes) y la ascendencia de *Homo sapiens* (base del cráneo rechoncha, protuberancias parietales salientes, capacidad craneal en aumento).

Cuatro yacimientos cierran la marcha. Mapa (o Maba), Xujiayao, Liujiang y la cueva superior de Zhoukoudian nos introducen esta vez, entre 150.000 y 30.000 años, de lleno en el dominio del hombre moderno, sin dejar de conservar, aquí y allá, como para recordar su origen, rasgos de «sinantropos» (el parietal aplanado del cráneo de Mapa o el torus occipital transverso de los de Xujiayao).

Si esta impresión es buena, puede significar una evolución de *Homo erectus* hacia *Homo sapiens,* en todas partes donde hay *Homo erectus,* como yo creo, o una evolución sin futuro de este *Homo erectus* de Extremo Oriente.

En efecto, en el mismo momento, los *Homo erectus* de otros lugares tienen aspecto de sapientizarse cuando pertenecen al gran conjunto africanoasiático (buenos ejemplos en las dos provincias africanas del sur y del este, por una parte, y del noroeste, por otra parte), mientras que parecen derivar hacia formas de humanidad particulares en las muestras europeas (hombres de Neandertal) e indonesias (hombres de Java y de Flores). Observemos, sin embargo, que no dejan de evolucionar, como de manera paralela inexorable, en las dos muestras en cuestión, y continúan desarrollando, por ejemplo, su sistema nervioso central, sobre todo el cerebro (excepto en Flores).

Eurasia parece también poblada desde hace mucho tiempo, más de dos millones de años. Después, Europa forma un grupo aparte durante largos centenares de miles de años. En cuanto a Asia, más generosa, (pudo) participar en la fabricación de *Homo sapiens;* después fue la que mandó a este hombre moderno hacia Europa, América y Oceanía.

Durante este curso, Fabrice Demeter nos trazó un generoso panorama de los poblamientos recientes de Asia oriental y sudoriental (Japón, China, Camboya, Vietnam e Indonesia) y del sentido de las épocas de las migraciones. Él no cree en la continuidad *Homo erectus - Homo sapiens,* sugerida en China.

1993-1994
El poblamiento de América

América (o las Américas), durante mucho tiempo separada en dos continentes bien diferenciados, América del Norte y América del Sur, cubre 40 millones de km^2, que se extienden a lo largo de 15.000 kilómetros del Ártico al cabo de Hornos, es decir, una cuarta parte de la superficie habitable de la Tierra. Al originarse los primates, hace 70 millones de años (en el norte), América recibe de África sus primeros primates superiores, hace 30 millones de años (en el sur). Quizás hace unos cien mil años, llegan de Asia a su vez los primeros hombres (al norte); después vendrán otros hombres de Europa, hace un millón de años (al norte también) y muchos otros, primero de Europa, después de África y de Asia al cabo de cinco siglos (al norte y al sur).

La toma de conciencia de la existencia de una prehistoria americana es antigua, puesto que, en 1784, Thomas Jefferson describía la excavación de un túmulo en Virginia; en cuanto a la existencia de un poblamiento humano fósil de este continente, es curiosamente contemporánea de la misma constatación hecha en Europa, puesto que Lund descubría en Lagoa Santa, Brasil, de 1836 a 1844, abundantes restos óseos humanos asociados a huesos de animales desaparecidos, solamente unos años después de que Schmerling, de 1828 a 1838, recogiera en Engis, Bélgica, los primeros fragmentos craneales de neandertal mezclados con huesos de mamut y rinoceronte lanudo. Pero unas declaraciones perentorias, tan excesivas en un sentido como en el otro —el origen del hombre es argentino, dijo Ameghino; el hombre americano no tiene ninguna antigüedad, dijo Hrdlicka—, desalentarán estas investigaciones pioneras, que se reiniciarán un poco hacia finales de los años veinte y principios de los años treinta, con los descubrimientos de unas piedras excelentemente talladas y de tipología especialmente original, las puntas de Folsom, en 1926, y las de Clovis, en 1932, ambas en Nuevo México, y un poco más hacia principios de los años cincuenta y después en los años setenta, con el entusiasmo de la datación absoluta, primero gracias al carbono 14 y después a la racemización de los aminoácidos.

Para intentar comprender el origen de este poblamiento y su antigüedad, pasemos revista, sucesivamente, de norte a sur, a algunos yacimientos con herramientas entre los más antiguos de esta prehistoria americana —tres serán norteamericanos, cinco mesoamericanos y cuatro sudamericanos— y después a todos los yacimientos con restos óseos humanos anteriores a 10.000 años, es decir 18 en América del Norte, cinco en América Central y diez en América del Sur.

El primero de la primera serie, Old Crow River, es canadiense, en el límite de Alaska; proporcionó abundantes piezas óseas (mamuts, caribúes), percutidas, rotas, cortadas o talladas, pero cuyas dataciones son de una gran confusión, puesto que van de 1350 ± 150 años BP (carbono 14 sobre colágeno) a 20.000 a 30.000 ± 2000 a 3000 años (carbono 14) e incluso 60.000 años (estimación extrapolada porque las piezas estaban retocadas). Otro gran yacimiento canadiense de la cuenca del Yukón, Bluefish Cave, ofrece esta vez una industria lítica (buriles) al lado de huesos trabajados, y unas fechas de 15.000 a 25.000 años. En Estados Unidos, elegimos el refugio rocoso de Meadowcroft en Pensilvania, con una buena estratigrafía, unas herramientas líticas en parte bifaciales, una buena fauna y dataciones repartidas entre 14.000 y 20.000 años.

En América Central, El Cedral, en México, presenta tres niveles de 33.000 a 21.000 años, con piezas líticas, piezas óseas, fauna y hogar; Tlapacoya, en México, buenos hogares construidos y herramientas, de 20.000 a 25.000 años; Muaco, en Venezuela, herramientas y fauna fósil quemada, de 14.000 a 16.000 años ± 500 años; Taima taima, en Venezuela, fauna y herramientas datadas en 12.000 a 13.000 años, entre ellas una punta bifacial clavada en un hueso de mastodonte, y El Bosque, en Nicaragua, herramientas de piedra y de hueso y fauna de 20.000 a tal vez más de 30.000 años.

En América del Sur, consideramos, para empezar, el yacimiento ahora famoso de la Toca do Boqueirao da Pedra Furada, en Brasil, refugio que fue objeto de investigaciones especialmente importantes durante más de quince años por parte de la misión arqueológica de Piaui con la dirección de Niede Guidon. Ciento cincuenta y ocho estructuras (sobre todo hogares) se dataron 55 veces en tres laboratorios, con carbono 14 o con termoluminiscencia, en 55.000 a 5000 años, a lo largo de un relleno donde se distingue un pleistoceno final húmedo seguido de un holoceno seco. Fabio Parenti defendió en 2006 una tesis brillante sobre este yacimiento; interpreta estas estructuras como la traducción de una sucesión de campamentos temporales, de 55.000 a 10.000 años, de manera que el lugar sería primero un reservorio de agua y una fuente de materia prima, después, a partir de 10.000 años, se trataría más bien de los restos de un campamento permanente asociado al arte parietal y, finalmente, a partir de 7000 años, serían los restos de un campamento muy secundario visitado solamente de forma accesoria y abandonado hace alrededor de cinco milenios.

Todas estas ocupaciones dejaron miles de piedras talladas. Durante el largo primer periodo, la tecnología de esta talla parecía muy oportunista —elección morfológica de las piezas, lascas seleccionadas por su menor cantidad de corteza— y la preparación del borde activo de los objetos, muy sumaria; a partir del holoceno, mientras que, curiosamente, la talla bifacial decrece, la talla monofacial gana en calidad de lascado y fineza de retoque, a lo que se añade a veces el calentamiento intencionado, sobre todo de la cuarcita y el lascado predeterminado, principalmente de la calcedonia, con empleo, para aplicar esta última técnica, del percutor blando. A partir de experimentos, Fabio Parenti considera que estas herramientas pudieron permitir, en el pleistoceno, romper huesos y trabajar groseramente la madera, siempre, despedazar groseramente la caza, rascar las pieles y trabajar más finamente la madera, y, en el holoceno, despedazar de manera más precisa, cortar la piel y los vegetales.

Después, se estudió otro yacimiento brasileño, el refugio de Lapa Vermelha, datado, en la parte inferior de un relleno de 14 metros, en 22.410 años y, en la parte superior, en 10.000 a 15.000 años; finalmente, el yacimiento de turberas de Monteverde, en Chile, con sus 33.370 ± 530 años en la parte inferior y 13.030 ± 130 años en la parte superior, y sus objetos extraordinariamente bien conservados, cerró la serie.

Un solo yacimiento de la segunda serie —el que contenía huesos humanos— ya había sido examinado en la primera; se trata del de Tlapacoya, en México, donde un cráneo humano tendría 24.000 años; los demás, como en todas partes del mundo, son menos antiguos que los yacimientos puramente arqueológicos, porque los huesos humanos son evidentemente menos frecuentes que los huesos de animales (consumidos) en cualquier hábitat y, por otra parte, el hueso se conserva mucho peor que la piedra. El estudio del conjunto de estos huesos humanos —el de los huesos de los yacimientos sudamericanos ha sido recientemente objeto de una tesis defendida por Patricia Soto-Heim— muestra en primer lugar que todos pertenecen a *Homo sapiens sapiens;* todos pueden también relacionarse con un estadio premongoloide de nuestra subespecie; por lo tanto, producen una sensación de fondo antropológico homogéneo a partir del cual se desarrollaron particularidades, a menudo surgidas del aislamiento de poblaciones o de necesidades de adaptación a condiciones extremas, el frío, por ejemplo, en Patagonia, o la altitud en los Andes.

¿De dónde viene el hombre americano y cuál es su edad?

Por razones paleogeográficas —dado que Bering no alcanza en ninguna parte cien metros de profundidad, emergió en cada glaciación—, por razones antropológicas —los amerindios fósiles y actuales tienen una gran homogeneidad en sus caracteres esqueléticos y los actuales tienen también una destacable homogeneidad en sus caracteres inmunológicos y serológicos, con semejanzas preferentes asiáticas— y por razones culturales —las culturas prehistóricas que se sucedieron en las grandes llanuras del norte de Europa y de Asia entre 70.000 y 10.000 años parecen encontrarse, cada vez con un desfase de unos miles de años, a través de todo el continente americano—, el hombre parece haber llegado de Asia por el noroeste, la primera vez, hace al menos 70.000 años. Pero cierta corriente asegura que es más antiguo —herramientas de piedra asociadas a una fauna extinguida descubiertas en una cueva del Estado de Bahia, en Brasil, la Toca da Esperança, se han datado en 200.000 a 300.000 años—; otra corriente lo considera más joven: las dataciones recientes con carbono 14, sobre todo las realizadas sobre colágeno, que no superan demasiado los 10.000 años, lo corroboran. Además, si bien una parte del poblamiento es muy probable que se realizara por Beringia, los partidarios de las dataciones altas obtenidas en América del Sur se ven obligados a pensar que otra parte de este poblamiento pudo muy bien realizarse por otro lugar.

Así pues, América sigue siendo incontestablemente, en la historia de la Tierra, el Nuevo Mundo, pero su prehistoria, que ha manipulado las dataciones absolutas antes de establecer la tipología de sus herramientas y la sucesión de sus frecuencias y de sus asociaciones, sigue siendo todavía en gran medida desconocida.

2004-2005
La historia del hombre: lo que sabemos

Este año, a las ocho lecciones se añadió una novena, muy especial, puesto que se trataba de la lección de clausura de la cátedra.

En efecto, dado que este curso 2004-2005 era el último de mi enseñanza «estatutaria» en el Collège de France, lo consideré un poco como un balance de lo que se sabía y de lo que no se sabía en nuestros ámbitos de investigación; reservé el primer término del díptico a las lecciones y el segundo a los seminarios, con múltiples interferencias entre ambos, como se puede imaginar.

De manera más modesta, habría tenido que titular estas lecciones «Lo que creemos saber», en lugar de «Lo que sabemos». Pero a pesar de todo disponemos, después de un siglo y medio de investigaciones, de cierto número de conclusiones que, al repetirse, tienen posibilidades de describir cierta realidad.

Para empezar, no parece que haya dudas sobre la sucesión cronológica materia inerte, materia viva, materia pensante. Por lo tanto, es como si la materia no dejara de complicarse y de organizarse con el tiempo cuando se le presenta la ocasión. El universo tiene, en sentido propio, un sentido. Los paleontólogos que no se adhieren a esta progresión no dejan de continuar considerando que todos los seres pluricelulares suceden a los unicelulares, todas las formas superiores a ciertas inferiores, todas las formas evolucionadas a ciertas arcaicas, etcétera, es decir, no dejan de potenciar la idea de sentido.

Cuando nos centramos en el hombre y su historia, es evidente también que su descendencia del mundo animal, su pertenencia a los primates y su parentesco con los grandes simios tampoco plantean dudas. Finalmente, está claro que, entre estos grandes simios, los chimpancés y los bonobos son los que representan con mucho su parentela más cercana; recordemos a este respecto el importante papel de la citogenética en esta construcción casi genealógica.

Dado que todos los primates son tropicales y que los chimpancés y los bonobos son africanos, no es anormal decir que el hombre es de origen tropical y africano. Y, dado que los primates fósiles tropicales y africanos más antiguos atribuibles a homínidos se acercan a los diez millones de años, estamos en posesión de un lugar y una fecha de nacimiento del hombre, o al menos de sus ascendientes a partir del último ancestro común de los hombres y los chimpancés.

Después, una quincena de prehumanos se ofrecen de manera esperada y en conjunto a nuestros ojos, cargados del mosaico habitual de caracteres, unos heredados, otros derivados y que además derivan en diversas direcciones, algunos del hombre (orrorín, kenyantropo y algunos australopitecos que por ello sin duda no lo son), otros ciertamente no (es el caso de otros australopitecos, de todas las formas robustas y de las especies de *Ardipithecus).*

Hace alrededor de tres millones de años, el paso anatómico prehumanos-humanos representa una buena demarcación. El género *Homo,* a partir de sus especies más antiguas, no puede confundirse con las formas prehumanas anteriores o contemporáneas (cráneo, dentadura). Que algunos autores no quieran calificarlas de *Homo,* es su opinión, pero no pueden llamarlas *Australopithecus.*

Por otra parte, la razón de la aparición del género *Homo* quedó bien demostrada por los resultados de las obras de excavación paleontológica del valle bajo del Omo, en Etiopía. Entre tres y dos millones de años, el clima se vuelve mucho menos húmedo. Toda la fauna de vertebrados, toda la flora (pólenes y macrorrestos), pero también los moluscos y los sedimentos muestran magníficamente este cambio; dado que los prehumanos no tienen ninguna razón para comportarse de manera diferente que sus congéneres animales, también experimentan y de la misma manera esta presión climática y se adaptan a ella; es lo que ocurre con el género *Homo,* que «eligió» la disuasión intelectual desarrollando preferentemente en calidad y en cantidad su encéfalo al lado de una dieta alimentaria de amplio espectro que incluye carne. Es lo que llamo «el acontecimiento del(H)Omo)», que recuerda, mediante un mal juego de palabras, el papel pionero y fundamental de las investigaciones del valle del Omo sobre la emergencia de nuestra materia pensante. Por otra parte, es un caso flagrante, y no el menor, de la importancia de la influencia del medio ambiente en la evolución en general y en nuestra evolución en particular.

Otra cosa es segura, el género *Homo* va a desplegarse, y va a hacerlo lógicamente de África a Eurasia. Pero quién (¿qué especie?) va a moverse y cuándo siguen siendo temas de debate.

Se describió una primera especie del género *Homo* en 1964 en Tanzania; se trata de *Homo habilis* (capacidad endocraneal de 510 a 775 cm^3, desarrollo de las regiones frontal y parietal en anchura, pared craneal más gruesa que la de los prehumanos, prognatismo facial reducido). Por lo tanto, teníamos al primer hombre.

Pero otro primer hombre, *Homo rudolfensis,* descrito en 1978 en Kenia, vino a complicar las cosas (prognatismo todavía más reducido, incisivos más grandes, cara media más ancha). Se habla entonces de *Homo habilis* en sentido amplio y de *Homo habilis* en sentido estricto, lo cual no resuelve nada.

Una segunda oleada de hombres fósiles está representada incontestablemente por *Homo erectus,* descrito en Java en 1891 (capacidad endocraneal de 750 a 1250 cm^3, platicefalia, torus supraorbitario importante, fuerte grosor de las paredes craneales, cara corta y ancha). Pero también en este caso, las cosas se complicaron mucho. Se creó un *Homo ergaster* en 1975 en Kenia (capacidad 800 cm^3) para los *Homo erectus* más antiguos; y algunos autores tienen tendencia a volver a emplear *Homo mauritanicus,* creado en Argelia en 1954, para nombrar al *Homo erectus* de África (sucesor de *ergaster)* y de Europa, y distinguirlo del *Homo erectus* de Asia; todavía se habla, pues, de *Homo erectus sensu stricto* (el de Asia) y de *Homo erectus sensu lato* (los de Europa, Asia y África, incluido a veces *Homo ergaster).*

Una nueva observación se muestra juiciosa, y es que hay, entre todas estas formas, un claro parentesco que muestra a la vez descendencia (por ejemplo, *Homo ergaster* continúa perfectamente las tendencias evolutivas iniciadas por *habilis* y *rudolfensis)* y diversificación.

En lo referente al despliegue del género *Homo,* pienso desde hace tiempo, por razones biológicas, etológicas y medioambientales, que debió de hacerse desde *Homo habilis.* Por otra parte, *Homo georgicus* de Dmanissi (Georgia) y *Meganthropus* de Java (Indonesia), ambos de alrededor de 1,8 millones de años, representan forzosamente, uno y otro, estadios intermedios entre *Homo habilis* y *Homo erectus,* sin que sean los mismos (lo cual demuestra, si era necesario, que la historia euroasiática, lejos de África, de estos hombres fósiles es ya muy antigua).

El aislamiento de Europa, de Java y de Flores, por razones de agua helada o libre, no plantea ninguna duda; por otra parte, que este aislamiento pueda ser la razón de la emergencia, por deriva genética, del hombre de Neandertal, del hombre de Java y del hombre de Flores, acaba también por convencer, aunque no por unanimidad.

Por otra parte, la creación reciente de *Homo floresiensis,* en Flores en 2004 (un metro de altura, cráneo de la morfología de *Homo erectus* con un encéfalo de 400 a 500 cm^3) me proporcionó la ocasión de mostrar una vez más (la primera fue la aparición del género *Homo)* la influencia fundamental del medio ambiente sobre la evolución morfológica de los seres vivos, incluido sobre la de los hombres (hasta épocas muy recientes, puesto que *Homo floresiensis,* o al menos los últimos de ellos, pueden tener sólo 12.000 años), mientras su cultura no es lo suficientemente potente para interponerse y responder en lugar de su cuerpo a los imperativos del medio. En efecto, se sabe desde hace tiempo que algunos órdenes de mamíferos (proboscidios, artiodáctilos, como los suidos, los hipopotámidos, los cérvidos y los bóvidos, algunos edentados y algunos primates) experimentan en el confinamiento insular (a causa de la reducción del territorio, de la reducción de la biodiversidad y de la reducción consecutiva de la competición, y a causa de la reducción de la depredación) una disminución a menudo muy importante del tamaño. Es claramente lo que le sucedió al hombre de Flores, pero todavía no está claro para todos los colegas.

Homo sapiens desciende también de *Homo erectus,* es una certeza; algunos restos anatómicos de África del norte, por ejemplo, y también de Extremo Oriente, muestran estadios intermedios. Pero existe una buena divergencia de opiniones sobre el origen de *Homo sapiens,* pues algunos lo ven emerger de África y otros descender de *Homo erectus* en todas partes donde se encuentra *Homo erectus*. En realidad, la mayoría de autores se adhiere a la primera proposición, con una buena confusión entre *Homo sapiens* (400.000 años al menos) y *Homo sapiens sapiens* (200.000 años como máximo).

La cultura es otro amplio campo de certezas y preguntas.

Que las herramientas muestran una progresión en la eficacia y la diversidad (riqueza creciente del equipamiento) es una evidencia.

Que la historia de la cultura no es regularmente continua, sino que muestra largos periodos sin innovación y épocas más cortas que ven florecer una plétora de innovaciones al mismo tiempo parece también muy claro.

En cambio, los inicios de las herramientas no generan unanimidad, ni sobre su edad (que yo creo que supera los tres millones de años) ni en su interpretación (para algunos habría diversidad de las herramientas a causa de la posible diversidad de los artesanos talladores de herramientas al inicio, para otros sería simplemente una progresión lineal desde el inicio).

El curso terminó el martes 21 de junio de 2005, como he dicho, con una lección de clausura de la cátedra de Paleoantropología y Prehistoria que se publicará, aparte, en la serie de lecciones inaugurales y de clausura del Collège de France. Es el eco, veintidós años después, de la lección inaugural de la misma cátedra, dada el 2 de diciembre de 1983 y publicada por el propio Collège.

3
El medio ambiente, la cultura y la historia de nuestras ciencias

El medio ambiente
1989-1990
El medioambientalismo

Llamé al curso «El medioambientalismo». Este término, a la vez inexacto, pesado y largo —soy consciente de ello— y que sin duda sólo tiene el mérito de llamar la atención, está destinado a nombrar el método que consiste en estudiar la evolución de los seres vivos utilizando los datos de su medio.

Pierre Antoine de Lamarck probablemente fue el primer naturalista que puso en evidencia las relaciones existentes entre los seres vivos y su entorno; por otra parte, al erigir el transformismo en modo de lectura de la historia de la vida, la interacción que evoca habría podido escribirse así: los seres vivos se transforman, estas transformaciones se realizan por la presión de los acontecimientos y los acontecimientos son, la mayoría de las veces, de origen medioambiental.

En realidad, esta influencia del medio ambiente a menudo no fue evidente para los investigadores, sin duda porque no era visible. En efecto, la importancia de la diferencia de los medios —un lugar es un medio— no aparece en las publicaciones (y cuando aparece, asombra) más que la presión de cada uno de los medios en el momento en que se ejerce. Es cierto que el paleontólogo toma el tren de la evolución en marcha, cuando la selección de la forma nueva que estudia ya se ha realizado.

A un estado A de la historia de la vida, antes del acontecimiento, le sigue un estado B de esta misma historia, después del acontecimiento (de manera que AB describe la evolución), y la forma que toma este estado B depende de dos factores, uno interno, genético —el cariotipo en el momento del acontecimiento— y el otro externo, medioambiental: la naturaleza y la amplitud del acontecimiento. El famoso título de la obra de Jacques Monod, *El azar y la necesidad,* sin duda podría, a la luz de esta perspectiva histórica, leerse de otra manera: azar, en efecto, pero como la evolución es circunstancial, en realidad es el acontecimiento, es decir, el medio ambiente, lo que representa, en nuestro enfoque, lo aleatorio; necesidad, por supuesto, incluso necesidades, necesidad de adaptación al nuevo entorno que el acontecimiento ha creado y también, no hay que olvidarlo, necesidad de hacerlo con aquello de que se dispone; ¡las manillas genéticas reducen el entusiasmo! Entonces la vida «hace bricolaje» (François Jacob); y, cuando sale adelante, lo hace practicando el oportunismo. «Acontecimiento y oportunismo» podrían representar la otra lectura sugerida; dado que el acontecimiento es casi siempre medioambiental, y el oportunismo es la adaptación mal que bien a este entorno con lo que se tiene (lo que se es), se comprende mejor por qué es importante hablar de *medioambientalismo*.

Un resto orgánico, para conservarse, ha tenido que encontrarse un día «envuelto» en un sedimento, a su vez depositado en una cuenca; la primera lectura del medio ambiente será pues la de la cuenca sedimentaria en su conjunto, su forma o geomorfología, su geología (la estratigrafía de las capas que contiene, en otras palabras, el sentido del tiempo, y la tectónica que eventualmente la afecta). Después, se estudiará el sedimento, también vestigio, su naturaleza, su textura, su composición, su estructura, su fuerza y su estado de conservación; a continuación, su contenido, los fósiles animales, las conchas, los huesos, los dientes, los fósiles vegetales, los macrorrestos, las esporas y los pólenes, pero también sus huellas (la icnología) y las informaciones que estos restos proporcionan cuantitativamente, cualitativamente o en sus asociaciones, con ellos mismos y con los sedimentos que los contienen. Se ponen también numerosos ejemplos de deducciones, elaborados para ilustrar la fineza de reconstitución de algunos de estos entornos; por ejemplo, la relación Sr/Ca o Ba/Ca de los huesos permite diferenciar un folívoro de un herbívoro, o un omnívoro de un carnívoro; las proporciones relativas de ácidos grasos de los propios huesos permiten determinar esta vez la especie a la que los huesos en cuestión han pertenecido y la temperatura media que reinaba en la época en que esta especie estaba viva; por último, las relaciones de los diferentes isótopos del oxígeno, medidas en el hielo de los polos, indican la cantidad de agua transformada y las fluctuaciones de las temperaturas mundiales que reinaban, etcétera.

La historia de los 4000 millones de años de evolución de la vida es, como se puede imaginar, muy compleja y muy irregular; a periodos de desarrollo tranquilo, le siguen periodos muy creativos o, al contrario, épocas especialmente destructoras. Sólo durante los últimos 500 millones de años, se cuentan treinta y cinco periodos de extinciones masivas, cinco de los cuales fueron muy importantes; se trata del final del ordovícico (435 millones de años), del curso del devónico (350 millones de años) y del final del pérmico (240 millones de años), en los que se produce la desaparición de hasta 200 familias y quizá del 96% de las especies oceánicas, del final del triásico (195 millones de años) y del final del cretácico (65 millones de años). La extinción forma parte del funcionamiento de esta historia y no es necesario recurrir a catástrofes espectaculares y mediáticas (¡la caída de un meteorito sobre la espalda de los dinosaurios!) para explicar algunas de estas fases. Es evidente que he elegido deliberadamente, para empezar, este último ejemplo de lectura del medio ambiente porque estaba ingenuamente de moda. A finales del cretácico, se produjo una importante regresión marina; todos los mares de menos de doscientos metros de profundidad desaparecieron y, como consecuencia, la mayoría de los animales de la plataforma continental: ammonites, belemnites, inocerамos, rudistas, cierto número de erizos de mar, briozoarios, braquiópodos. Por otra parte, el retroceso de las superficies acuáticas comporta un desarrollo importante de los climas continentales, más contrastados, es decir, un desarrollo del frío. Algunos vegetales se extinguen, al igual que muchos animales ovíparos y de sangre fría (cuya temperatura interna depende especialmente de las temperaturas externas): dinosaurios, reptiles voladores y también marinos, ictiosaurios, plesiosaurios. Pero durante el mismo tiempo —que no olvidemos que es del orden de varios millones de años— gozan de excelente salud y a veces proliferan peces, tortugas, cocodrilos, lagartos, serpientes y animales con regulación térmica, aves y mamíferos.

Con este ejemplo «de actualidad», el curso examinará la sucesión de acontecimientos y paisajes de los últimos cuarenta millones de años y el encadenamiento de las respuestas de los hominoides, los homínidos y los homininos.

¿Qué tiempo hacía cuando, en el oligoceno inferior, aparecieron los primeros hominoides en medio de los pequeños monos de Egipto y de la península Arábiga? Se tomará como ejemplo la cuenca de Fayum; su geografía, su topografía, su clima, su temperatura, su pluviometría, su higrometría, su exposición al sol, su vegetación y su fauna de hace 35 a 40 millones de años se dibujarán poco a poco a lo largo del análisis de los sedimentos, los paleosuelos, la fauna de invertebrados y de vertebrados, y los restos de plantas; surge una llanura, ocupada por amplias extensiones de agua estancada (superposición de paleosuelos aluviales) y ríos múltiples de poca profundidad y de baja energía (moluscos, carófitos, ostrácodos); parecen alternarse las precipitaciones abundantes (translocación de hierro libre) con temporadas secas cortas (suelos poligonales, presencia de grandes cípridos y química del agua dominada por el calcio); bellas zonas de selva tropical húmeda costera y ribereña de cursos de agua (Epipremnum, Annonaspermum, Canarium, Icanicarya, Eohypserpa se encuentran hoy en la selva indomalasia) están cerca de grandes superficies herbarias o pantanosas (muchas señales de anélidos, de insectos, de vertebrados; restos de Arsinoitherium, de Moeritherium, de Phiomia, de Paleomastodon, de anfibios; finalmente primates, el dimorfismo sexual de cuyos caninos y del peso del cuerpo muestran una adaptación a la vida en tierra, mientras que el esqueleto poscraneal muestra un arboricolismo evidente). Esta llanura inundable era también costera; en efecto, numerosos indicios traducen la presencia cercana del mar, el Tetis (rizolitos y Cynometra de los manglares, bivalvos marinos y restos de tiburones, de rayas e incluso de sirénidos de las arenas de los canales). Parece que la adquisición de una mayor flexibilidad de comportamientos haya sido la respuesta «hábil» y la razón del éxito de los hominoides frente a este desarrollo de la estacionalidad; los pequeños primates primitivos, sus ancestros, vivían permanentemente en la selva tropical, donde la escasa amplitud de las estaciones tenía muy pocos efectos sobre el aprovisionamiento de alimentos; así pues, ante variaciones más importantes del medio, era conveniente reaccionar; es probable que, debido a la generalización de la dieta para explotar una mayor variedad de recursos alimentarios disponibles en diferentes estaciones, acompañada de un registro más amplio de locomociones y de una nueva estructura del cerebro (desarrollo de las áreas visuales para percibir mejor las distancias, expansión del neocórtex para una mayor complejidad de respuestas a los requerimientos del medio), tuviera lugar la adaptación y se constituyera el tipo fundador de nuestra línea, *Aegyptopithecus*.

El periodo siguiente —mioceno inferior y medio— nos interesa en África, actualmente ecuatorial; en efecto, en Kenia y en Uganda, encontramos al hominoide siguiente, *Proconsul,* probable descendiente, aunque la filiación no es lineal, de *Aegyptopithecus*. Por otra parte, para algunos autores, con *Proconsul* (porque tiene un conducto auditivo externo) empiezan los hominoides; la transformación de la estructura del encéfalo del *Aegyptopithecus* es un carácter mucho más importante, pero es cierto que su lectura e interpretación son más difíciles. El caso es que, al principio de *Proconsul,* la selva cruza África y el clima es húmedo y cálido; pero, hace 17 millones de años, se produce un acontecimiento medioambiental por excelencia, la placa africana entra en contacto con la placa euroasiática (África asciende 15º hacia el norte durante el cenozoico, la mitad durante el mioceno inferior); el mar de Tetis, cerrado, disminuye considerablemente su superficie (10 millones de km^2 menos); surgen montañas; los climas se vuelven más continentales y el aumento de las tierras, que da lugar a un crecimiento de la superficie de reflexión del sol, comporta a su vez una reducción del calor directo del mismo, así como una reducción del calor reinyectado a la atmósfera.

Durante este mismo tiempo, los dos polos de la Tierra se enfrían por razones por otra parte diferentes; el sur porque, al estar separado de Australia y de América del Sur a los que anteriormente estaba unido, desarrolla una calota glacial, y el norte porque, al haber ascendido Laurasia hacia el norte y aumentado su superficie, disminuye su temperatura media. Así pues, el gradiente de temperatura ecuador-polo aumenta (se pasa de +27ºC en el ecuador a -15ºC en el polo Norte en lugar de +5ºC antes), la transferencia de calor aumenta en el mismo sentido y se establece la estacionalidad y la actividad de las tormentas en las latitudes que separan el ecuador de los polos.

Además, tiene lugar un intercambio de fauna entre África y Asia (en África, se pasa de un endemismo del 74% antes de la colisión a un 50% después); el *Proconsul* que nos interesa forma parte de este movimiento, llega a Eurasia y da lugar a la gran diversidad de driopitecos; después la selva, tanto a un lado como al otro del puente, se degrada y aparecen los hominoides con molares de esmalte grueso, *Kenyapithecus, Sivapithecus* y más tarde *Australopithecus* en África, *Ouranopithecus, Sivapithecus (Ramapithecus)* y *Gigantopithecus* en Eurasia. Algunos autores utilizan esta transformación de los biotopos del mioceno medio y la respuesta que ofrecen los hominoides para colocar ahí la divergencia homínidos-pánidos y, por consiguiente, el origen de la familia de los homínidos —Louis de Bonis con *Ouranopithecus,* por ejemplo—, una solución en contradicción con los datos de la geografía y con los de la biología molecular.

Esta abertura de la selva se acentúa todavía más regionalmente en África del este en el mioceno superior, cuando el conjunto del sistema de fallas que llamamos valle del Rift —que por otra parte tiene dos ramas a la altura del ecuador, una llamada occidental y la otra oriental— sufre una reactivación importante. La rotura norte-sur, el levantamiento del labio occidental de la rama occidental y la elevación de toda la provincia comprendida entre esta pared y el océano Índico es lo que divide en dos partes ecológicamente bien marcadas el cinturón ecuatorial, el oeste (del Atlántico a la falla) y el este (de la falla al océano Índico). Para los hominoides que vivían entonces en esta región de selvas y de bosques *(Kenyapithecus* y quizá *Motopithecus),*[25] aunque la gran selva del mioceno inferior ya no era lo que había sido, representó la aparición, como consecuencia de una circunstancia tectónica «aleatoria», de un nuevo entorno periférico a su patria principal (y que se conoce en paleontología con el nombre de peripátrico); la consecuencia es un desarrollo ahora separado de los hominoides del oeste, en paisaje cubierto, todavía muy húmedo, de los del este, en zonas cada vez menos regularmente lluviosas (las precipitaciones anuales actuales son de 180 mm en el oeste y de menos de 100 mm en el este), de forma que los primeros dan lugar a lo que actualmente llamamos pánidos (chimpancés, gorilas) y los segundos a los homínidos (australopitecos y hombres). Nuestra familia, que personalmente hago surgir de este acontecimiento, aparece pues como tropical y esteafricana, y como el ejemplo perfecto de un producto del medioambientalismo. En efecto, el mosaico de árboles, de matorrales y de hierbas altas que se establece bajo las lluvias estacionales de la provincia esteafricana reparte los recursos alimentarios en el tiempo y en el espacio (probablemente la ascensión de las montañas paralelas a la sangría del Rift y la elevación de la plataforma esteafricana, al mismo tiempo que el crecimiento de la plataforma tibetana, son los responsables del establecimiento del sistema de monzones en este gran cuadrilátero noroeste del océano Índico); de este modo, la adaptación a un medio nuevo pasa por una gama más amplia de alimentos, una movilidad mayor para adquirirlos, un trabajo muscular más importante para transportarlos y un desarrollo aumentado de las glándulas sudoríparas; la consecuencia es el bipedismo, la desnudez progresiva y el creciente omnivorismo. Por otra parte, la vulnerabilidad en terrenos descubiertos implica vigilancia, defensa o disuasión y acercamiento incontestables; la consecuencia es reflexión, emoción, organización social y creación tecnológica. En otras palabras, todas nuestras grandes características actuales se presentan en su origen como posibles respuestas a la transformación del entorno, hace ocho millones de años, en África oriental.

Propuse esta situación muy simple en 1982, en un coloquio de la Academia Pontificia de las Ciencias de Roma (cuyas actas se publicaron en 1983) y la llamé la *East Side Story*.[2] Sedujo en todas partes, lo cual no siempre es el destino de una hipótesis científica, y después de media docena de años de argumentos contradictorios un poco blandos, la retomó Martin Pickford (1989) y después Brigitte Senut (1990), que aportaron pruebas frescas de su experiencia en Uganda, a los pies de la muralla del Rift occidental.

Se desarrolla entonces el tiempo de los homínidos, pero todavía homínidos antes del hombre, en otras palabras, australopitecos, en una provincia ecológica que, a pesar de las fluctuaciones locales y temporales, no dejará de desecarse. La demostración viene dada por la reconstitución, uno tras otro, de los paisajes de todos los yacimientos de hominoides, de Ngorora en Kenia (11-12 millones de años), antes de los australopitecos, Samburu en Kenia (siete millones de años), con el primer australopiteco o quizás el último ancestro común de los pánidos y los homínidos (llamado a veces *Motopithecus)*[25] y Lukeino en Kenia (6,5 millones de años), Lothagam en Kenia (5,5 millones de años), Tabarin en Kenia (cinco millones de años), Chemeron en Kenia (cuatro millones de años), Belohdelie en Etiopía (cuatro millones de años) y Maka en Etiopía (de 3,5 a cuatro millones de años), con los primeros australopitecos incontestables.

El nuevo montaje de la sucesión del medio ambiente de los grandes yacimientos siguientes, Laetoli en Tanzania (3,5 millones de años), Hadar en Etiopía (tres millones de años), Omo en Etiopía (entre cuatro y un millón de años), Turkana en Kenia (el este y el oeste del lago, el mismo periodo que el Omo pero con lagunas estratigráficas) y Olduvai en Tanzania (entre dos millones de años y 500.000 años), nos permitirá después poner en evidencia una nueva crisis medioambiental (una sequía) entre un poco más de tres millones de años (3,3) y un poco más de dos (2,4). Todos los enfoques posibles (sedimentología, paleopedología, paleontología de los invertebrados, paleontología de los grandes y pequeños vertebrados, paleobotánica, palinología) realizados por mi equipo y por mí mismo durante diez años de investigaciones en el valle del Omo nos condujeron al reconocimiento claro de este acontecimiento. Vimos aparecer al australopiteco que llamamos robusto (cerebro pequeño, pero cuerpo poderoso y dentadura especializada para masticar una alimentación vegetariana fibrosa) y al hombre (cuerpo grácil pero cerebro grande y dentadura para comer tanto vegetales como carne) precisamente en este momento, seleccionados de manera evidente por esta crisis; establecí esta correlación en 1975 y llamé a esta situación el *(H)Omo event,* una idea recuperada en 1985 por Elizabeth Vrba y publicada este mismo año como una revelación por el *New Scientist* de Londres: «*The climate that created Man!*»... Numerosos trabajos de paleoclimatología (determinaciones del enriquecimiento en O^{18} de las foraminíferas, determinaciones de las proporciones de deuterio y de hidrógeno, de O^{18} y de O^{16} en el ciclo atmosférico del agua, del gas carbónico, del metano, de los sulfatos del hielo, etcétera) establecieron después la existencia en la misma época de un enfriamiento global de la Tierra, de la que la sequía de nuestra cuna no es más que la traducción local.

El balance evolutivo de nuestra superfamilia tomada como ejemplo en este curso se muestra así como un producto evidente del balance evolutivo del medio ambiente. El establecimiento de la estacionalidad oligocénica, el movimiento de la placa africana, el cierre del Tetis, la abertura en el mioceno medio de la cobertura forestal, la reactivación del *rifting,* la aparición de los monzones, la abertura en el mioceno superior de la cobertura boscosa, el enfriamiento del globo y la abertura en el plioceno superior de la sabana son acontecimientos que obligan, por selección (al menos en parte), a nuestros ancestros a transformarse. El medioambientalismo explica, pues, a los hominoides, los homínidos y el hombre; sin estas circunstancias, estas formas no habrían tenido ninguna razón para surgir. Es interesante seguir después, a partir de las primeras piedras talladas de los australopitecos, el desarrollo «insidioso» de otro entorno, el entorno cultural; y la manera en que, envolviendo poco a poco y después completamente al hombre, ahora es él quien recibe los requerimientos del medio cultural y se transforma para adaptarse a éste. El hombre pierde sus instintos, pero gana su libertad.

No quiero olvidar que, el 23 de enero, al terminar el curso, se invitó a Dominique Praz, narradora genovesa, que vino a mostrarnos, mediante unos relatos míticos tomados de diversas cosmologías, la manera en que los otros hombres (no los científicos) contaban nuestro origen; fue maravilloso en sentido propio, insólito y lleno de encanto.

1990-1991
El medioambientalismo, enfoques y métodos

El curso se dedicó a lo que había llamado, el año anterior, «el medioambientalismo», es decir, *la lectura de la evolución de los hominoides a la luz de la evolución de su entorno.*

El recorrido 1989-1990 fue, con pasos muy grandes, el de la crónica de los acontecimientos que jalonan los últimos 40 millones de años; el programa 1990-1991 consistió en ampliar la imagen de uno solo de estos acontecimientos (con evocación del de antes y del de después), el que tuvo lugar hace 3,3-2,4 millones de años, en otras palabras, el acontecimiento que hizo surgir al hombre.

En primer lugar, el marco geográfico y estratigráfico en el que se realizó por primera vez la demostración de esta correlación entre la evolución de los homínidos (la aparición del género *Homo)* y la evolución del medio (la crisis climática que le fue contemporánea), la cuenca del valle bajo del Omo en Etiopía, fue objeto de una descripción. En su conjunto, engloba en realidad este valle bajo (orilla derecha) y sus alrededores orientales (orilla izquierda), pero también toda la depresión del lago Turkana y sus importantes formaciones detríticas reconocidas tanto al este como al oeste, cuatro grandes regiones que se estudiaron por separado, pero que están a punto de unirse en un único conjunto coherente, gracias a la comprensión química y radiométrica de sus depósitos volcánicos. La secuencia de más de un kilómetro de potencia de la orilla derecha del valle bajo del Omo, con sus 104 tobas interestratificadas, es la más extraordinaria, la más completa, la más continua, la mejor expuesta y, con mucho, la mejor escalonada de todas las columnas sedimentarias de estos depósitos y de los depósitos de las otras cuencas cercanas etiópicas, keniatas o tanzanas, donde, en cualquier caso, se realizó el descubrimiento que nos ocupa y fue publicado, de ahí el nombre de *Acontecimiento del (H)Omo* (u *(H)Omo Event)* que damos a la emergencia de nuestro género.

El grupo del Omo, repartido en los cuatro últimos millones de años, reúne todas las formaciones depositadas en la orilla derecha de este valle bajo, las más importantes de las cuales son, de abajo arriba, la de Mursi, de alrededor de cuatro millones de años o un poco más, la de Ngalabong, de 3,5 a cuatro millones de años, la ahora famosa de Shungura, de 800.000 años a 3,6 millones de años, y la de Usno, correlacionada con los tres primeros miembros de la formación de Shungura (2,7 a 3,6 millones de años). Se habló también de otras formaciones contemporáneas a éstas o un poco más antiguas y geográficamente cercanas.

Se estudia también cierto número de grupos de grandes mamíferos fósiles proporcionados por estas formaciones, el orden de los proboscidios, el de los carnívoros, las familias de Rhinocerotidae, de Suidae, de Equidae, de Bovidae y de Hippopotamidae, en cuanto a su significado medioambiental. Todos nos enseñan, de manera sorprendentemente convergente, que en las fechas de seis a ocho millones de años, por una parte (primera construcción de la calota glaciar antártica), de dos a cuatro millones de años, por otra parte (primera formación de la calota ártica) y finalmente de un millón a 1,5 millones de años, se produjeron acontecimientos ecológicos y biológicos incontestables; hace de seis a ocho millones de años, tiene lugar una renovación fáunica que establece la fauna esteafricana endémica llamada etiópica, por ejemplo, con la aparición de *Dinotherium, Anancus, Stegotetrabelodon, Primelephas, Brachypotherium, Ancylotherium, Hexaprotodon,*

Nyanzochoerus y... *Australopithecus;*[34] hace dos a cuatro millones de años, se manifiesta otro cambio, por el que desaparecen *Primelephas, Anancus* y *Stegotetrabelodon,* pero aparecen *Loxodonta, Elephas, Kolpochoerus, Notochoerus, Hippopotamus* y... *Homo.*[35] Finalmente, hace 1 a 1,5 millones de años, África oriental se estremece, *Dinotherium* se extingue, *Australopithecus*[36] también y *Homo habilis* se convierte en *Homo erectus.* Al lado de esta división cronológica, todos estos animales cuentan la evolución de los paisajes de más húmedos a mucho más secos, a lo largo de filogenias increíblemente paralelas *(Nyanzachoerus syrticus - Nyanzachoerus kanamensis - Nyanzachoerus jaegeri; Notochoerus euilus - Notochoerus capensis - Notochoerus scotti; Metridiochoerus jacksoni - Metridiochoerus nyanzae - Metridiochoerus andrewsi; Kolpochoerus afarensis - Kolpochoerus limnetes - Kolpochoerus olvudaiensis - Kolpochoerus paiceae),* a lo largo de la evolución y, en este caso, de la inversión de ciertas asociaciones (para 100 Bovidae, 33% de Tragelaphini antes de dos millones de años y 3% después; 9% de Alcelaphini antes de dos millones de años y 29% después) y a lo largo de la transformación de ciertos órganos (dientes cada vez menos plegados y metápodos cada vez más esbeltos de los équidos, por ejemplo).

El testimonio de los micromamíferos —roedores, quirópteros, insectívoros, pequeños primates y pequeños carnívoros—, asociados porque fueron recogidos gracias a métodos especiales pero también porque representan buenos indicadores climáticos de nichos a menudo más precisos que los que ilustra la megafauna, va en la misma dirección que los grandes mamíferos: hace más de tres millones de años, la sabana arbolada y la selva desarrollada hasta el punto de tener todavía conexiones con las selvas de África central se leen a través de los Muridae, Lorisidae, Pteropodidae, Emballonuridae e Hipposideridae; hace menos de dos millones de años, *Gerbillurus, Jaculus, Heterocephalus, Coleura, Thallomys* y *Aethornys* dibujan un paisaje abierto con unas condiciones cada vez más áridas.

La flora, más tributaria del clima, se revelará más elocuente si cabe; estará representada por macrorrestos (plantas leñosas y frutos) y pólenes; se reconocieron 74 especies de árboles y arbustos en la madera fósil hallada en el valle bajo del Omo, y 106 especies, entre ellas 45 arborescentes y 61 herbáceas, en los pólenes. La lección de la fitosociología y la de la palinología son la misma; la humedad y, por consiguiente, la frecuencia de los árboles disminuyeron considerablemente entre un poco más de tres millones de años y un poco menos de dos millones; tomemos el ejemplo de buenos indicadores de humedad: *Celtis, Macaranga, Olea* y *Typha.* Durante este periodo, su porcentaje pasa respectivamente del 45%, 4%, 16% y 23% al 0%, 0%, 6% y 1,4%, mientras que, durante el mismo tiempo, *Myrica,* indicador de condiciones secas, pasa del 0% al 20%.

Ahora bien, durante este cambio flagrante del clima y del entorno y, por supuesto, a causa de él, aparecerán el australopiteco robusto y el hombre, al igual que la cebra, el estilocero o el facocero. Pero muchas preguntas siguen sin respuesta: ¿por qué, en esta crisis, asistimos a una doble respuesta de los homínidos? ¿Por qué se produce la misma doble respuesta en África del este y en África del sur? ¿Las herramientas serían también un producto de la crisis? ¿Y con cuál de los dos homínidos aparecen, si sólo es la creación de uno de los dos?

1997-1998
El terreno, lectura del suelo y del subsuelo

La idea del curso es sencilla, hacer que los asistentes se beneficien de la experiencia de medio siglo de prospecciones, sondeos y excavaciones. El curso se dividió en tres partes: limpieza y excavación de un monumento, prospección y explotación de un gran yacimiento al aire libre, limpieza y excavación de un relleno en cueva. Con el fin de delimitar cada una de estas partes, recurrí a compañeros de terreno: Jacques Briard, director de investigación del CNRS, para los monumentos, Jean Chavaillon, director de investigación del CNRS, para los yacimientos al aire libre, y Pierre Deletie, ingeniero de Electricité de France (EDF), para las cuevas.

Los monumentos tratados como ejemplo fueron los túmulos célticos *(cairn)* de Carn y de Barnenez en Bretaña, que excavé personalmente, y el cadáver momificado de forma natural de Otzi.

En efecto, tuve la suerte de participar, en los años cincuenta, en los trabajos de excavación de las extraordinarias sepulturas megalíticas de Carn y de Barnenez, en Bretaña, extraordinarias porque estaban intactas cuando las abordamos, pero extraordinarias también porque eran las arquitecturas monumentales más antiguas conocidas del mundo (7000 a 8000 años).

El túmulo céltico de la isla de Carn, que tiene 30 metros de diámetro y cuatro metros de altura (los documentos de 1910 daban como dimensiones respectivamente 40 m y 8 m), estaba compuesto por una galería muy corta amurallada en los dos extremos y por una cámara circular de 3,50 metros de diámetro y 3,05 metros de altura, con losas de piedras planas en la clave de bóveda (es una extraordinaria bóveda de piedra seca en salidizo); en la galería y bajo el enlosado de la cámara, se recogieron fragmentos procedentes de vasijas de tipo chaseano de fondo redondo y algunas piezas de sílex.

El túmulo celta de Barnenez (en realidad dos túmulos sucesivos juntos) es un monumento único en todo el mundo megalítico por sus dimensiones (175 m de longitud, 40 m de anchura y 8 m de altura) y por su contenido (11 dólmenes con corredor de 10 a 15 m de longitud cada uno en el sentido de la anchura del túmulo, y de 1 m × 1 m de anchura y altura de galería y de 1 a 3 m × 3 a 4 m de diámetro y de altura de cámara). Los túmulos presentaban una importante construcción (hasta seis paramentos a veces unos dentro de otros), y los dólmenes, de piedras secas o de losas, estaban muy decorados. Los grabados de Barnenez son los más antiguos que se conocen de este arte (representan esencialmente emblemas [ídolo], hachas, bóvidos, cayados, serpientes, pies, arcos y una especie de redes) llamado carnaceano, porque el centro de su expresión parece haber sido la región del Morbihan comprendida entre Arzon y Quiberon. La dimensión de los monumentos y la calidad de su arquitectura, el estilo y el contenido de su ornamentación revelan una sociedad religiosa fuerte, jerarquizada, que deforesta, cultiva, cría animales y construye monumentos altos con materiales duraderos.

El descubrimiento en el Tirol, a 3200 metros de altitud, de un cadáver de cinco milenios de antigüedad de un hombre de unos cincuenta años con todas sus ropas —paño a modo de falda, polainas, zapatos, camisa de piel de cabra, capa de hierba y gorro de piel de oso— y su equipo de viaje —hacha de cobre, cuchillo de sílex, flechas y mochila— dio lugar a una excavación del orden de la de un monumento.

Así pues, primero se circunscribieron estos dos túmulos y esta momia; se elaboraron planos y se realizó una excavación de los alrededores y de los propios monumentos, con la preocupación constante de la identificación de los objetos o los restos encontrados (el espacio) y la determinación de la posible estratigrafía (el tiempo).

El 18 de febrero, llegó Jacques Briard para hablar de sus cuarenta años de excavaciones de túmulos bretones de la edad del bronce —entre 2200 y 1200 años a.C.— y de los métodos especialmente precisos que empleó para recoger los menores elementos: objetos de madera, por ejemplo (cofres, tumbas, troncos vaciados) o de oro (chapeado de cajas, clavos, chinchetas), frágiles, los primeros porque estaban descompuestos, los segundos porque eran de tamaño muy pequeño.

Después abordé el tema de la investigación en los yacimientos al aire libre, de su prospección y de la gestión de su explotación; puse los ejemplos de la cuenca del lago Chad, de la cuenca del lago Turkana, de la cueva de Olduvai, de las pequeñas cuencas javanesas, de las terrazas del valle alto del Awash y de las cuencas de su valle bajo, yacimientos que había excavado.

Mientras que el estudio de un monumento es, en general, competencia del arqueólogo, el estudio de un yacimiento al aire libre corresponde al naturalista; en efecto, es conveniente identificar y circunscribir las cuencas sedimentarias (avión, helicóptero, cobertura aérea o por satélite), valorar la edad geológica gracias al modelo geomorfológico o, por supuesto, en el mapa cuando existe, reconstruir la estructura —potencia, tectónica, afloramientos—, evaluar su riqueza paleontológica, paleoantropológica o prehistórica, y discernir posibles puntos de excavación significativos. Todas estas operaciones pueden encadenarse rápidamente si, con una formación de geólogo, sobre todo estratígrafo, un poco técnico, de zoólogo, de botánico (sobre todo palinólogo), de paleontólogo, de paleoantropólogo y de prehistoriador, uno se encarga del conjunto del estudio solo. Después se entra en la fase de recogidas y de excavaciones, y evidentemente se necesitan estudios más precisos del continente y estudios más especializados de las diversas categorías de contenidos, pero, gracias a la visión de conjunto, se sabe a qué colegas hay que recurrir.

En enero de 1960, cuando empecé a trabajar en el inmenso territorio sedimentario comprendido entre los macizos del Air, de Tibesti y de Ennedi, y el río Chari, sólo disponía de mapas de 1/1.000.000 oficiales y de minutas fotogramétricas oficiosas de 1/100.000; trazaba mis rutas con la brújula, las estrellas o la «nariz»; Michel Brunet, que partió tras mis huellas un poco borradas después de treinta años de vientos, de guerra y de arena, hacía aproximaciones de unos metros, en 1995, con el GPS. Los terrenos y sus configuraciones también guiaron mis prospecciones, pero mis hallazgos me permitieron reconocer y datar la mayoría de estos terrenos; por ejemplo, fueron mis informes de paleontología los que permitieron al servicio chadiano llamado agropecuario, que no disponía antes de mapas geológicos suficientemente precisos, excavar pozos para aumentar las zonas de pastoreo de camellos; fueron mis informes de arqueología los que permitieron, por ejemplo, a la misión hidrogeológica conocer la velocidad media (porque evidentemente no es constante) de desecación del Sáhara (el lago Chad ha pasado de 300.000 km^2 hace 3000 años a 20.000 hace 30 años y a 3000 en la actualidad).

En el norte de la cuenca del lago Turkana (el valle bajo del río Omo), tuve la suerte de explotar durante diez años una franja excepcional de más de un kilómetro de grosor, datada en cerca de cuatro millones de años abajo y en menos de un millón de años arriba, y excepcionalmente inclinada, hasta el punto de que la mayoría aflora. Durante estos diez años, recogí 50 toneladas de huesos de vertebrados fósiles y enormes cantidades de conchas, madera, pólenes, huellas de hojas, piedras talladas, etcétera, que me permitieron poner en evidencia la desecación entre dos y tres millones de años, me hicieron correlacionar esta crisis climática con el origen del género *Homo* y el de los australopitecos llamados robustos (tema importante ignorado durante diez años por la comunidad científica internacional, «tomado prestado» diez años después sin referencias y muy «de moda» en la actualidad), me permitieron sacar a la luz las herramientas de piedra tallada más antiguas del mundo (todavía ignoradas), etcétera.

En el valle bajo del Awash o las cuencas indonesias, la prospección y los trabajos fueron similares a los del Omo; en Hadar, los afloramientos son solamente menos potentes y menos extensos (menor buzamiento); en Java, sólo la sangría del río Solo los recorta.

Olduvai es también una sangría, pero una sangría que abre generosamente cien metros de desnivel a lo largo de 13 kilómetros y, a diferencia de los yacimientos considerados anteriormente, una excelente sucesión de suelos de ocupación humana de dos millones de años a varios miles. Melka Kunturé no tiene nada que envidiar a Olduvai en cuanto a riqueza, en número y en diversidad de sus hábitats, repartidos en el tiempo más o menos de la misma manera; la diferencia entre los dos yacimientos se debe al hecho de que este lugar no los ofrece en estratigrafía simple, sino sobre o en terrazas encajadas.

Jean Chavaillon fue el remate de esta sección de excavaciones de los yacimientos al aire libre; nos visitó el 1 de abril de 1998. De manera a la vez muy realista y muy poética, Jean Chavaillon nos habló primero de hasta qué punto los yacimientos de prehistoria que se excavan son para él como los panoramas de la película *Roma* de Fellini, que se apagan a medida que se descubren; se ven muchas cosas al limpiar las capas, pero se conserva muy poco al final de la explotación. Después insistió, con mucha razón, sobre la importancia del discernimiento necesario para la elección de la excavación que se va a abrir, sobre la importancia de los marcadores en la lectura de los cortes, sobre la de la búsqueda del origen y, por consiguiente, de la antigüedad de los materiales (¡marcando las posiciones con palos!), y todo esto ilustrando sus palabras con múltiples imágenes de sus propios trabajos en Etiopía, Yibuti, Burundi, etcétera.

El tercer episodio del curso se centró en la excavación en cueva, excavación por métodos evidentemente comparables a los de los yacimientos tratados con anterioridad, pero en un continente un poco particular, que comporta una mejor conservación del contenido en condiciones tafonómicas especiales. Presenté sucesivamente ejemplos de lectura de estratigrafía, de tafonomía, de superficies de ocupación, de icnología, de continente y de sus marcas humanas visuales o sonoras.

La estratigrafía, a veces sellada por episodios debidos a hundimientos de techos o de paredes, es difícil de descifrar, porque es de poco grosor con respecto a las acumulaciones subsidentes de las grandes cuencas; por otra parte, la escurrentía, las corrientes de aire y la erosión eólica pueden alterar la sedimentación, que también corre el riesgo de verse en parte lavada, disuelta, crioturbada, etcétera. El ejemplo dado es el relleno de las fisuras kársticas sudafricanas, Sterkfontein, Kromdraai, Swartkrans y Makapansgat, donde me encontraba a principios de los años sesenta, y Gladysvale, donde estuve a principios de los años noventa, trampas naturales y depósitos de caza de grandes carnívoros que conducen a la constitución de brechas atestadas de huesos. Por ejemplo, en Sterkfontein, se distinguieron penosamente cinco niveles, con los australopitecos quizá procedentes de dos y seguramente de cuatro, y los hombres quizá de cuatro y seguramente de cinco, ambos posiblemente presas.

La tafonomía de la cueva es especial, puesto que estos continentes, a la vez que reciben, como hemos visto, una sedimentación incontestable, no dejan de recibir los ingredientes de superficies de ocupación; en efecto, representan en sí mismos, por periodos, guaridas o refugios de animales (hienas, osos, zorros, leopardos) y hábitats o santuarios de hombres.

En Swartkrans, Sudáfrica, Bon Brain imaginó (intensamente) leopardos consumiendo su caza en los árboles, justo encima de la cueva, generando un sistema de vertedero ocasional... y así sería como los australopitecos habrían «aterrizado» (es la palabra) en el relleno de esta cueva; ¡pero esto no explica, evidentemente, la razón por la cual se encontraron en otras ocho cuevas exactamente en las mismas condiciones de depósito! Dicho esto, dado que las cuevas fueron a menudo madrigueras naturales, sobre todo de depredadores, es normal encontrar en ellas sus residuos, es decir, en este caso, los restos de los huesos de sus capturas. Por otra parte, este papel de guarida hace que esté atestado de múltiples huellas dejadas en los suelos o en las paredes, pasos, retozos, volteretas, zarpazos; la ciencia que se ocupa de estas marcas se llama icnología y será objeto del seminario del año próximo.

Así pues, el hombre de las cavernas, como su nombre indica abusivamente, también utilizó estas cuevas, su entrada como hábitat y su profundidad como templo. Las viviendas utilizan a menudo el techo de la entrada de la cueva como doble techo y las paredes como puntos de apoyo. Por ejemplo, una choza de 40.000 años (chatelperroniano) se adosaba a la pared de la cueva de Renne en Arcy-sur-Cure, en la que once agujeros para clavar las defensas de mamuts circunscribían el contorno en punteado, en la abertura hacia el exterior; en Lazaret,[37] una amplia cabaña de once metros de largo por 3,50 metros de ancho se apoyaba de la misma manera contra la pared de la cueva; su mobiliario y los restos de su propietario acusan una edad de más de cinco mil años; un cinturón de piedra marcaba los límites, mientras que dos concentraciones carbonosas ocupaban el interior, hogares llenos de residuos alimentarios rodeados de probables lechos de algas (presencia en su emplazamiento de pequeños gasterópodos marinos que se les asocian), recubiertos de pieles de lobo (zarpazos de lobo a los lados de los dos lechos). Los santuarios se conocen a partir de 40.000 años atrás, cuando grabados y pinturas adornan sus paredes en lugares donde a veces las estalactitas suenan mejor y las voces son más potentes, pero recientemente se han descrito además signos profundos de rituales atribuibles a neandertales de antes del grabado. También en este caso, la icnología desempeña un papel importante, pues identifica las huellas de pasos de hombres, pero también a veces huellas de su cuerpo que dan información sobre su morfología, edad, peso, talla y algunos de sus comportamientos; en Niaux, un niño de ocho años y medio (1,33 m, 27 kg) y un niño mayor, de once años y medio (1,39 m, 30 kg), estuvieron en el conjunto de nichos con pinturas; en Fontanet, una persona tenía un pie de contornos velados, sin duda envuelto en una especie de mocasín (12.000 años); en Tuc d'Audubert, más de cincuenta huellas en cinco o seis filas regulares revelan los pasos de jóvenes ¡que andaban sobre sus talones! Otras veces, se trata de «dibujos con el dedo» sobre el suelo, parecidos a esbozos, que se imprimen en los moldeados de los suelos de arcilla, al pie de las rocas, portadores de los mismos dibujos esta vez grabados en sílex, etcétera.

Pierre Deletie fue, pues, el calderón de este tercer episodio; nos habló del diagnóstico de los terrenos y nos describió un montón de métodos que miden un montón de cosas, cuya suma, nos dijo, puede ser significativa. Las determinaciones, que pueden ser eléctricas (corriente alterna muy potente), gravimétricas, magnéticas o sísmicas, intentan siempre descubrir diferencias en las características de los materiales «sondeados», pero estas anomalías pueden revelar tanto contactos geológicos o fallas como cavidades con o sin rellenos; por lo tanto, hay que afinar la medida (microgravimetría de detalle, por ejemplo) y después intervenir directamente por endoscopia o verdadero sondeo. En Zhoukoudian, yacimiento del hombre de Pekín donde trabajamos juntos, Pierre Deletie y yo, nos encontramos en el estadio comprendido entre el establecimiento del mapa de las anomalías (misión EDF bajo la autoridad de Marc Albouy) y los primeros sondeos de estas anomalías para comprender mejor su significado.[38]

1998-1999
El poblamiento de las islas

En el prólogo del catálogo de la exposición *Îles,* montada en el Museo Nacional de Historia Natural en 1997, Patrick Blandin escribe: «En nuestro imaginario, son [las islas] el lugar al que se llega tras el riesgo del mar; otros mundos, espacios de diferencia».

En efecto, las islas, un concepto biogeográfico por excelencia, son a la vez, de manera paradójica, fuentes de conservación y fuentes de innovación.

La primera de las islas que estudiaremos es Australia. Para comprender su poblamiento, hay que recordar la historia geológica de Gondwana; hace 185 millones de años, en el jurásico inferior, Australia formaba, junto con América del Sur, África, Arabia, Madagascar, India y la Antártida, una sola masa continental; África y Arabia se separaron las primeras y después Madagascar y la India. Australia permaneció durante este tiempo unida a la Antártida y América del Sur. En el límite entre el cretáceo y el paleoceno, hace 65 millones de años, se consumó la separación de América del Sur: Antártida y Australia; en el oligoceno, hace unos veinticinco millones de años, Australia y la Antártida se separan a su vez, con lo que Australia adquiere su insularidad actual.

Hay que recordar también la historia biológica de los mamíferos; los prototerios o monotremas surgen en el cretáceo, hace aproximadamente cien millones de años, los metaterios o marsupiales en América del Norte y los euterios o placentarios en Eurasia. De Eurasia, los euterios se despliegan hacia

África y América, y los metaterios se despliegan de América del Norte hacia Europa, América del Sur, la Antártida y Australia. En el momento de la separación de América del Sur - Antártida y Australia, los marsupiales pasan, pero no los placentarios, de ahí el sorprendente desarrollo sin competencia de los marsupiales en Australia, por otra parte de manera curiosamente paralela al desarrollo que experimentarían los placentarios en el resto del mundo.

Australia es una isla extraordinaria de 7.500.000 kilómetros cuadrados. Los marsupiales se dividen allí en dasiuros, canguros y koalas, mostrando la hermosa creatividad de la naturaleza alrededor de un mismo tema y al mismo tiempo sus límites en la fantasía, puesto que los nichos de los dasiuros son los de los carnívoros, los nichos de los canguros son los de los ungulados y los nichos de los koalas son los de los mamíferos arborícolas.

El hombre llega a su vez a Australia por vía marítima, hace unos sesenta mil años. Dejará allí dos grandes culturas sucesivas, unas herramientas formadas por grandes raspadores sobre lascas, primero *choppers* y *chopping tools*, unas herramientas de menor tamaño, formadas por puntas foliáceas, hojas, buriles y cuchillos, y mucho más elaboradas después.

Madagascar será nuestro segundo ejemplo de insularidad. Separada de África (de la que dista 450 km) desde hace 133 millones de años, y separada de India desde hace 85 millones de años, Madagascar se caracteriza en particular por una rica población de primates estrepsirrinos, designados erróneamente con el nombre global de lemúridos, que llegan de África sobre troncos hace una cincuentena de millones de años. Como en el caso de los marsupiales australianos, la ausencia de competencia permitió a estos primates diversificarse para adaptarse a numerosos nichos ecológicos y alcanzar sorprendentes convergencias a veces con los haplorrinos. Se distinguen los Lorisoidea (Lorisidae, Galagidae y Cheirogaleidae) compartidos con el continente africano, los Lemuroidea (Lemuridae) y los Indrioidea (Indriidae, Archaeolemuridae extinguidos, Palaepropithecidae extinguidos, Megalapidae y Daubentoniidae) estrictamente malgaches.

El poblamiento humano de Madagascar, que sin duda llegó por la misma ruta, no parece superar los 1500 años.

América del Sur, en su periodo de separación de la América llamada del Norte y de la Antártida, se comportó también como una isla de endemismo muy intenso. Los primates, que llegaron de África sobre troncos en el oligoceno *(Branisella boliviana* hace 27 millones de años), desarrollaron en este continente una irradiación homogénea ejemplar, porque carecían de competencia directa y solamente estaban divididos en Cebidae y Atelidae, pero presentaban en cambio un extraordinario abanico de tamaños (de 100 g para el marmoset a 10 kg para el mono araña). Los xenartros, procedentes de América del Norte a principios del terciario, desarrollaron por su parte, gracias a sus estrechas especializaciones y a su metabolismo débil, un conjunto muy original de formas acorazadas (tatús, gliptodontes) y no acorazadas (hormigueros, glosoterios, megaterios y milodones).

Después de estos tres casos de insularidad oceánica, el primer ejemplo de insularidad continental elegido fue, por supuesto, el de África oriental, la provincia que el valle del Rift separó realmente del resto de África y de Arabia (la apertura del mar Rojo data de hace doce millones de años). El valle del Rift (falla) es evidentemente un hundimiento, pero también es una orogénesis de cerca de mil metros para algunos bloques de ocho millones de años. La insularización, lo que llamé la *East Side Story,* fue la razón, hace ocho millones de años, de la bifurcación más importante de estos primates superiores que nos interesan, grandes simios en el oeste, homínidos en la provincia oriental.

La etapa siguiente, datada en cuatro millones de años y debida a un pico de sequía, se tradujo entre los homínidos de la isla esteafricana por una división dicotómica entre un prehumano bípedo y arborícola (Lucy) y otro, bípedo exclusivo *(A. anamensis)* y, fuera de la isla, por un despliegue de estos homínidos hacia el sur y hacia el oeste acompañando al de su entorno (acontecimiento que llamé *The Crossing of the Rift).*[39] Los proboscidios, *Anancus, Stegotetrabelodon* y *Primelephas,* presentes en Lukeino (seis a siete millones de años) y desaparecidos en Kanapoi (cuatro millones de años), mientras aparecían los elefantes, proporcionan una interesante demostración de la existencia de este acontecimiento, que sin duda presencia la extinción de *Ardipithecus* y el nacimiento de *Australopithecus.*

Hace tres millones de años, un nuevo episodio importante de sequía permitió a los australopitecos continuar con su dicotomía, *A. afarensis* se robustiza en África del este *(Zinjanthropus)* y en África del sur *(Paranthropus),* mientras que *A. Anamensis* se hominiza probablemente sólo en África del este. Es el *(H)Omo event* puesto en evidencia en 1975 gracias a la secuencia sedimentaria excepcional del valle del Omo.

El ejemplo de África oriental es especialmente rico en enseñanzas; las nociones de islas, de aparición y de extinción de especies, de despliegue y desarrollo paralelos de otras especies, y de periodos de paso se leen aquí de una manera totalmente clara.

El segundo ejemplo de insularidad continental, íntimamente ligado a la historia del hombre y que llamé la *West Side Story,* es el de Europa; la historia de su poblamiento humano es, en efecto, típicamente insular.

El hombre llegó a Europa, como en el caso de Asia, hace aproximadamente 2,5 millones de años. Y se encontró atrapado por el desarrollo de los glaciares (del norte, de los Alpes y del Cáucaso) o, en el momento de su fundición, por el ascenso del nivel de todas las aguas (mar Caspio, mar de Azov, mar de Mármara y mar Negro unidos). Por lo tanto, sufrió una deriva genética que se ha llamado neandertalización y que se podría muy bien llamar europeización.

Este fenómeno no siempre se ha comprendido bien, porque la neandertalizacion surgió como surgen los granos; los caracteres de la deriva no aparecieron todos al mismo tiempo, ni siquiera en todos los individuos de la misma población. Por otra parte, de la misma manera que, a menudo con una segunda intención un poco eurocéntrica, se han confundido plesiomorfias y apomorfias (tomando caracteres heredados antiguos, todavía neandertales, por caracteres modernos convertidos en *sapiens),* también se ha fabricado con ciertos fósiles europeos la población *presapiens,* origen del hombre actual, y se continúa haciendo *(Homo antecessor* español). En realidad, todos los hombres fósiles de Europa son hombres de Neandertal, evidentemente tanto más derivados cuanto que son más recientes.

Los restos humanos más antiguos conocidos en Europa tienen 800.000 años (Gran Dolina); los restos más recientes, atribuibles al neandertal, 25.000 años (Zafarraya, Gibraltar, Saint-Césaire); así pues, entre 800.000 y 25.000 años, se desarrolló ante nuestros ojos esta deriva ejemplar, ilustrada por al menos 262 individuos y que ha hecho correr mucha tinta: silueta maciza, masa muscular poderosa, frente y mentón huidizos, gran rodete supraorbitario, gran cara con órbitas y cavidad nasal amplia, con lados huidizos, cráneo abombado y bóveda craneal alargada con volumen encefálico importante.

Esta deriva habría llegado hasta la especiación. *Homo sapiens sapiens* habría llegado de Próximo Oriente (de donde, por otra parte, había refluido el neandertal hacía mucho tiempo) hace menos de 50.000 años, habría cohabitado y después prevalecido con el tiempo sobre el neandertal.

Mientras se desarrollaba esta deriva en el occidente de Eurasia, se desarrollaba una simetría en la parte oriental. El poblamiento humano había llegado por las mismas fechas; por las mismas razones de sucesión de glaciaciones y de periodos interglaciares, en este caso, de yoyó de las aguas, este poblamiento se encontró, en algunas tierras, atrapado por una barrera oceánica. En Java, por ejemplo, el poblamiento de origen, aparentemente *erectus,* desarrolló por aislamiento una deriva genética que lo convirtió en un *H. erectus* muy especial. Se podría retomar el viejo término de Eugène Dubois, pitecantropo, y llamar pitecantropización a esta deriva para distinguirla de las otras —se lo merece— y ponerla mejor en paralelo y en espejo con la neandertalización occidental. De la misma manera que los preneandertales se convierten en neandertales en su aislamiento europeo, el hombre de Java se vuelve hombre de Solo en su aislamiento indonesio, por otra parte con un fenómeno de evolución paralela muy inquietante esta vez, como la cerebralización creciente con el tiempo en el hombre de Neandertal, Solo y *sapiens,* a pesar de su separación de larga duración.

Será nuevamente un proboscidio el que nos confirmará el aislamiento javanés; en efecto, un estegodonte, *Stegodon trigonocephalus,* que llegó a Java hace alrededor de 1,3 millones de años, desarrolló allí estadios o subespecies sucesivas singulares, *Stegodon trigonocephalus praecursor, Stegodon trigonocephalus trigonocephalus* y *Stegodon trigonocephalus ngandongensis,* antes de encontrarse de nuevo, hace unos sesenta mil años, en competencia con formas llegadas del continente.

El primer *Homo sapiens sapiens* de Java, como el de Europa, llegó también del continente asiático hace aproximadamente cincuenta mil años.

Por tanto, la insularidad, como hemos visto, es creadora de nuevos nichos ecológicos y de nuevas formas vivas para ocupar estos nichos. Un rasgo original de la insularidad entre otros, pero que merece cierta atención, es la propensión que contraen las especies a cambiar de tamaño.[40]

En efecto, cierto número de órdenes se ven afectados, en estas condiciones de aislamiento, por el enanismo o el gigantismo; otros órdenes, en cambio, son mucho menos sensibles a ello. Entre los órdenes sensibles, citemos a los proboscidios (estegodóntidos, elefántidos), los artiodáctilos (suidos, hipopotámidos, cérvidos, bóvidos), los xenartros (Megalonychidae) y los roedores; entre los menos sensibles, enumeremos a los perisodáctilos, los primates y los carnívoros. Entre los proboscidios, por ejemplo, sobre todo los estegodontes colonizaron las islas del sudeste asiático, y los elefantes, las islas del Mediterráneo; se vieron afectados por el enanismo, que se desarrolló de manera sorprendentemente repetitiva y paralela. Entre los roedores, destacan formas de las Antillas, pero también de las Baleares, de las islas griegas, etcétera, y se ven afectados por el gigantismo; ¡por ejemplo, el caviomorfo *Amblyrhiza inundata* llega a tener el tamaño de un oso!

El enanismo puede ser muy intenso *(Elephas falconeri* de Sicilia es más de cuatro veces más pequeño que el elefante antiguo del que procede) o mucho más limitado *(Hippopotamus pentlandi* de Malta sólo representa la cuarta parte de *Hippopotamus amphibius,* su ascendente continental). Estas formas enanas o gigantes representan asimismo o bien copias aumentadas o reducidas a escala, o bien formas de proporciones diferentes (diferentes longitudes, por ejemplo, diferentes longitudes de segmentos o de ciertos segmentos de las patas). Pero este fenómeno, aunque a veces sin relación aparente con la insularidad, es una de sus manifestaciones más espectaculares.

Detendremos aquí esta lección sobre la apasionante historia del papel de las islas en la especiación y, por consiguiente, en el del desarrollo de la biodiversidad —y, para los hombres, de la culturodiversidad—, al mismo tiempo que en los papeles de la valiosa conservación de formas muy antiguas. Hemos visto a los marsupiales, los lemúridos y los xenartros desarrollarse como en ninguna otra parte en tierras aisladas en las que carecían de competidores; hemos asistido, gracias al aislamiento de una provincia, al nacimiento de nuestra familia y de nuestro propio género, y a la diferenciación de manera siempre original de algunas de estas especies. Cabe esperar que el próximo aislamiento de colonias humanas (o animales y vegetales) en planetas de nuestro sistema estelar o, con mayor razón, de otro, nos reserve maravillosas y nuevas demostraciones de la fuerza genética y medioambiental de este modo de evolución peripátrico.

La cultura 1996-1997 Quién hace qué, cuándo, por qué, cómo y dónde

El título del curso estaba evidentemente destinado a reflexionar sobre las relaciones, si las hubo, entre los diversos homínidos y los diversos tipos de herramientas. Se dedicó a la memoria de Mary Leakey, prehistoriadora británica entonces recientemente fallecida.

Lógicamente, la exposición empezó por una respuesta al primer término de la proposición; en efecto, se imponía una revisión de todos los homínidos *(sensu stricto),* aunque sólo fuera para identificar los taxones reconocidos y, al mismo tiempo, la o las ramas artesanales. Forzosamente, se presentó, se discutió pero se aceptó el punto de vista al que concedemos una preferencia y se describieron auténticos homínidos en sentido estricto a partir de 8-9 millones de años, como lo que se convertiría unos meses más tarde en *Samburupithecus* y, con mayor razón, el diente de Lukeino de 6-7 millones de años, los restos de Lothagam de 5-6 millones de años, los de Tabarin de 4-5 millones de años y los de Aramis de 4,4 millones de años, colocados por Tim White et al. bajo la denominación genérica y específica particular de *Ardipithecus ramidus*. Por otra parte, es divertido escuchar a Tim White declarar después de este estudio, es decir, en 1996: *«It is now possible to strongly predict that remains of the last common ancestor will be found in sediments between 4.5 and 6.0 Myears»* («Ahora es posible predecir con seguridad que se van a encontrar restos del último ancestro común en sedimentos entre 4,5 y seis millones de años»), más de treinta años después de los descubrimientos de Lukeino y de Lothagam rápidamente comprendidos, aunque hubo y sigue habiendo debate sobre el tema de su auténtica naturaleza (en cualquier caso, también hay debate sobre el tema de la naturaleza de *Ardipithecus).* No deja de ser una declaración (pero también claramente posdicción) que tiene el mérito, por primera vez, de basarse en cerca de cincuenta especímenes de una misma localidad tomada a modo de sándwich entre dos tobas y, por consiguiente, bien datada. Añadamos, para mayor precisión, que si bien la localidad de Aramis es etíope, las de Samburu, Lukeino, Lothagam y Tabarin son keniatas.

A partir de cuatro millones de años, los datos se esclarecen; en efecto, en este momento, dos taxones se reparten África del este, *Australopithecus afarensis,* con los miembros inferiores inestables y los miembros superiores sólidos (Belohdelie, Laetoli, Maka, Hadar), y *Australopithecus anamensis,* con miembros inferiores estables y miembros superiores libres (Kanapoi, Allia Bay, Hadar). Esto significa que el territorio estaba ocupado por un bípedo arborícola y por un bípedo exclusivo. Belohdelie, Maka y Hadar son yacimientos etíopes, Allia Bay y Kanapoi son yacimientos keniatas, Laetoli es un yacimiento tanzano. El primero de estos australopitecos, que parece haber durado un millón de años, tal vez es el origen de *Zinjanthropus (aethiopicus* y después *boisei)* y quizá también del movimiento de los homínidos hacia el sur del continente *(Australopithecus sp., Australopithecus africanus, Paranthropus robustus),* mientras que el segundo podría ser el origen de *Homo (rudolfensis* y después *habilis)* y el del movimiento de los homínidos hacia el oeste *(Australopithecus bahrelghazali).* Pero persiste una incertidumbre (entre otras) a propósito del estatuto genérico de *habilis* y de *rudolfensis* y de las relaciones filogenéticas que estos taxones mantenían entre sí y con los prehumanos anteriores. El hombre, a partir de entonces, es decir, desde que es *Homo,* se despliega muy deprisa a través de todo el Viejo Mundo; vivirá allí una deriva genética que lo convertirá en un hombre de Java y en un hombre de Neandertal.

Hacia los 50.000 años, el *Homo sapiens* que se había formado en África y en Asia se extenderá a América y Australia, donde no hay nadie, y a Indonesia y Europa, donde ya hay alguien. Estos hombres modernos (llamados Wadjak en Indonesia y Cro-Magnon en Europa) coexistirán durante mucho tiempo con sus predecesores en estos lugares, antes de adquirir definitivamente ventaja tanto sobre uno como sobre otro (el último hombre de Java se extingue, como el último hombre de Neandertal, entre 25.000 y 30.000 años).

Después de quién, veamos qué.

Desmarcándose de la historia de la paleoantropología, la historia de la prehistoria se caracteriza por tres grandes rasgos: es perfectamente continua; funciona como una bola de nieve, sin perder nada, al contrario, aglutinando sin cesar nuevos hallazgos, y finalmente se diversifica. No se contenta con aumentar de volumen, sino que además enriquece su maletín de herramientas como se multiplican las actividades del hombre, por ejemplo, François Bordes listó 63 tipos de herramientas en el paleolítico inferior y medio en Europa occidental, y 92 en el paleolítico superior.

Las herramientas más antiguas conocidas en el mundo son las reunidas con el término de shungurense por Jean Chavaillon y descubiertas en la orilla derecha del valle bajo del río Omo en Etiopía; tienen entre 3,3 y 2,3 millones de años; es una industria mayoritariamente de cuarzo, de tamaño muy pequeño y sobre lascas que cuenta, a pesar de su antigüedad, con algunas piezas con retoques (a veces, hasta un 5%); hojas, piezas con muescas, denticulados, buriles).

A esta industria, le siguen inmediatamente las de los yacimientos de Gona y Kada Hadar, en el Afar etiópico, y la de Lokalelei en la orilla oeste del lago Turkana, en Kenia; están datadas en 2,6 a 2,3 millones de años, presentan cantos tallados —núcleos con múltiples funciones, lascas y piezas incontestables— y podrían agruparse con el nombre de hadarense, porque fue en Hadar (localidad del Afar) donde se descubrieron y fueron mejor estudiadas al menos por tres equipos diferentes.

De todas estas primeras herramientas, que por otra parte representan probablemente varios conjuntos de diversas naturalezas y de varias culturas todavía mal conocidas, Hélène Roche (que elimina todo lo que precede a 2,6 millones de años) extrae una idea de torpeza, de debilidad de los esquemas conceptuales y operatorios, una mala adaptación de los actos de la talla a la materia prima; en cambio, Samaw, Renuet, Harris, Felbel, Bernor, Fesseha y Mowbray, para el hadarense de 2,5-2,6 millones de años bien datado, hablan de control de la fractura concoide y de dominio del conjunto de la manufactura, que traducen una larga historia anterior. Recuérdese la lección sobre el modelo envejecido; sin dejar de tener en cuenta la simplicidad de las fabricaciones de entonces, comparativamente a las que siguieron, no me arriesgo demasiado si comparto la idea de un largo pasado técnico anterior a estas realizaciones.

Conviene insertar aquí cierto número de herramientas procedentes del conjunto del Viejo Mundo (noroeste africano, por ejemplo, Pakistán, China, Macizo Central francés, Andalucía), a menudo mal datadas y nunca estudiadas de manera comparada. Sin embargo, algunas alcanzan o superan los dos millones de años; Hélène Roche no menciona ninguno, pero se equivoca de rigor.

Las herramientas que siguen cronológicamente pertenecen al inmenso complejo olduvayense, que por otra parte podría muy bien empezar con el hadarense para terminar alrededor de los primeros bifaces, lo cual le atribuye una edad comprendida entre 2,5 o 2,6 millones de años y 1,5 o 1,6 millones de años. Después del hadarense, se distingue una fase antigua que incluye las herramientas bien descritas de los lechos 1 y 2 de Olduvai en Tanzania, de Melka Kunturé en Etiopía y de Koobi Fora en Kenia (industria llamada KBS) y los menos publicados de las orillas del lago Turkana en Kenia o de las capas altas de Sterkfontein en Transvaal y después una fase más avanzada, llamada Developed Oldowan en Tanzania y olduvayense evolucionado en Etiopía.

Es el gran periodo de los cantos tallados (lo cual no significa que toda cultura basada en cantos tallados sea olduvayense), en cuyo seno ya se pueden distinguir estilos, elecciones deliberadas de materias primas y tallas muy elaboradas en función de los destinos que se les adjudican, pero también tallas elementales muy oportunistas; aunque los hombres sean limitados en sus aptitudes físicas e intelectuales, no dejan de ser libres y manifiestan, en estas limitaciones, sus personalidades, sus originalidades, además de sus realizaciones estereotipadas.

Para dar una idea de la riqueza de la gama de productos que son capaces de crear, citaré una lista de los objetos recogidos, por ejemplo, por Jean Chavaillon en el yacimiento de Gomboré 1, en Melka Kunturé, Etiopía: *choppers* laterales, distales, cinceles dobles, con truncamiento, con punta, recurrentes, periféricos, poliedros, cepillos sobre cantos rodados, raspadores, picos con muescas o denticulados sobre cantos rodados, triedros, cinco tipos de percutores, veintiún tipos de herramientas sobre cantos rodados, seis tipos de núcleos, once tipos de herramientas sobre lascas, raederas, raspadores, herramientas con muescas, herramientas denticuladas y piezas con retoques bifaces, sin contar con algunas piezas de hueso.

Empieza a leerse una ordenación del suelo; se distingue el taller (lascas, esquirlas y residuos), el área de despiece (lascas, herramientas poco variadas) y la vivienda propiamente dicha (mayor variedad de piezas, a menudo de mayor tamaño). Por primera vez, algunos de estos suelos presentan estructuras, refugios o chozas, paravientos o muros. Pueden recogerse por todas partes, en áreas de vivienda y, por supuesto, de despiece, restos de animales grandes o pequeñas presas, procedentes de la carroña o cazados (técnicas de caza identificables desde hace 1,8 millones de años).

Observemos que las herramientas llamadas de KBS (este del Turkana, en Kenia), datadas en 1,8 a dos millones de años, muestran numerosos puntos de comparación con el olduvayense más antiguo, pero también con el shungurense (¿continuidad de las culturas más allá de los artesanos?).

Cuando el olduvayense se afianza y se enriquece con nuevas piezas, entra en la era del objeto simétrico, el bifaz, que surge en África oriental hace 1,7 millones de años —pero no aparece en todas partes— para extenderse en ciertas regiones del Viejo Mundo hace menos de cien mil años.

Es evidente que un periodo tan largo (1,5 millones de años) se ha subdividido de manera general (vaga) y local (más precisa); en Melka Kunturé, Jean Chavaillon, que adopta el término de achelense para todas las herramientas postolduvayenses y pre-Middle Stone Age, distingue un achelense antiguo, varios achelenses medios, un achelense superior y un achelense final; todas estas industrias, que conservan todavía muchos elementos de los complejos olduvayenses, como *choppers* variados o poliedros, ofrecen, en proporciones crecientes (nociones de cantidad y de frecuencia), los dos tipos de herramientas más característicos del achelense africano, el bifaz y el hendidor, a los que se añade un conjunto cada vez más diversificado de piezas retocadas de pequeño tamaño. Durante este episodio tecnológico, en el que se observa sucesivamente una disminución cada vez mayor del ángulo del filo de los *choppers* y después, de manera asimétrica, de los bifaces, se asiste también a un progreso incontestable en la ordenación del espacio; las zonas de vivienda se distinguen ahora de los talleres de talla y de las áreas de despiece.

A pesar de la evolución evidente de las herramientas en estos dos inmensos conjuntos llamados olduvayense y achelense, una evolución que aprenderemos a leer cada vez mejor, es interesante señalar la sorprendente estabilidad de sus herramientas específicas, o sea el *chopper* y el bifaz. Conviene decir que desde hace unas décadas la traceología permite comprender que estas herramientas eran de uso múltiple e incluso que a veces cada parte tenía su propio uso.

Hace 500.000 años, la sociedad alcanza un grado de madurez suficiente para descubrir y sobre todo para adoptar el fuego, el percutor blando y una talla todavía más ampliamente predeterminada que la del bifaz para la obtención de una lasca con la mayor superficie posible.

Después se entra, por ejemplo en Europa, hace unos doscientos cincuenta mil años, en lo que recibe el nombre de paleolítico medio y, hace unos treinta y cinco años, en el paleolítico superior; en esta ocasión, es divertido constatar una vez más la longitud que se atribuye generosamente a los comienzos, porque son más difíciles de descifrar; ¡en efecto, se constata que la duración del paleolítico inferior linda los tres millones de años! Pero, después de todo, antes del cámbrico, que tiene unos quinientos millones de años, se encuentra el precámbrico, ¡que acusa tres mil quinientos millones!

Después de haber establecido estas dos listas de artesanos potenciales y de herramientas, se impone el ejercicio de relacionarlos: ¿quién hace qué?

No es totalmente imposible que algunos australopitecos fueran los talladores de las primeras herramientas, las del shungurense, por ejemplo. Pero dado que el shungurense es para algunos como una facies local del olduvayense, que acaba de encontrarse un maxilar de *Homo sp.* en Hadar en un nivel de al menos 2,3 millones de años, que once yacimientos de Olduvai muestran una asociación directa olduvayense-*Homo habilis* (o, en cualquier caso, lo que Phillip Tobias llama de esta manera) y que un olduvayense de 1,7 millones de años ofrece en Melka Kunturé un húmero de *Homo erectus,* es forzoso reconocer de entrada cierta independencia a la herramienta. Estadísticamente, no es menos cierto que los primeros hombres, *Homo habilis* y *Homo rudolfensis* (si es que este último existió) fueron los principales talladores de *choppers,* pero estos hombres parecen haber sido precedidos y después quizás acompañados en su destreza por algún o algunos australopitecos, como por otra parte parece que fueron seguidos por unos segundos hombres, *Homo ergaster* y *Homo erectus,* sin que esta destreza progresara.

De manera comparable, es incontestable que *Homo erectus* parece haber sido el principal artesano de los achelenses, el principal tallador de bifaces, pero, como acabamos de ver, los primeros *Homo erectus* formaban parte del olduvayense (Gomboré 1 en Melka Kunturé, por ejemplo), mientras que los últimos bifaces fueron fabricados por *Homo sapiens* (Garba III en Melka Kunturé, por ejemplo).

Por lo tanto, no parece que la cuestión de la atribución de una industria a un tipo de homínido deba plantearse en términos tan rigurosos como se dijo en cierta época; Camille Arambourg, por ejemplo, declaraba en los años sesenta que un estilo de industria sólo podía corresponder a un tipo de organización cerebral: al australopiteco, los cantos tallados; al pitecántropo, los bifaces; al hombre de Neandertal, las industrias sobre lascas, y al hombre de Cro-Magnon, las industrias sobre hojas.

También se constataron desfases entre hombres y culturas en las partes media y superior del paleolítico; en efecto, se habían atribuido al hombre de Neandertal las industrias «groseras» sobre lascas del paleolítico medio y al hombre de Cro-Magnon todas las herramientas refinadas formadas por hojas del paleolítico superior; pero he aquí que el neandertal ya no tiene 50.000 o 100.000 años, sino al menos 500.000, si no llega a 800.000, *Homo sapiens* no tiene 40.000, sino 500.000 y *Homo sapiens sapiens,* 200.000; por lo tanto, *Homo sapiens* e incluso *sapiens sapiens* es el que hace las herramientas del paleolítico medio, que por otra parte comporta a veces hojas, en África del norte, por ejemplo, o en Próximo Oriente, y he aquí que el neandertal es el artesano de las primeras invenciones del paleolítico superior (chatelperronense). Una vez más, la búsqueda de una relación demasiado estricta entre naturaleza y cultura se muestra pues decepcionante; la herramienta es como un color que se quiere aplicar a una superficie bien circunscrita y que escapa a sus límites y desborda de manera imprevisible. El musteriense del hombre de Neandertal es el musteriense del hombre de Cro-Magnon; el paleolítico superior del hombre de Cro-Magnon (cuando este último es contemporáneo del hombre de Neandertal) es el paleolítico superior del hombre de Neandertal.

A propósito de estos desbordamientos, es divertido constatar que la cultura primero está retrasada durante mucho tiempo con respecto a la naturaleza y que después se produce el fenómeno inverso; este punto de inversión, que yo llamaría también el *umbral cultural de inversión* o *reverse point,* debe situarse hacia los cien mil años. Resulta especialmente importante, porque sitúa el momento de mayoría incontestable del libre albedrío sobre la reacción instintiva, aunque de hecho las relaciones de uno y otro evolucionaron de manera continua como un reloj de arena.

Finalmente, recordemos que, en estos ejemplos de *quién* y *qué,* evidentemente no hemos perdido nunca de vista los *cuándo, por qué, cómo* y *dónde.*

La paleoantropología, como la prehistoria, es una ciencia histórica, por lo tanto, la datación ocupa siempre el primer plano de nuestras preocupaciones y hemos visto lo que era con el tiempo el exponente de la eficacia y de la diversidad de las herramientas perfectamente traducido en la disparidad de los paleolíticos inferior, medio y superior.

Por otra parte, recordemos, para ilustrar el *dónde,* que la prehistoria significa en realidad mil y una culturas en cada época considerada, excepto tal vez algunos primeros centenares de miles de años, más homogéneos debido a su menor dispersión.

En cuanto al *por qué,* que nuestras disciplinas, contrariamente a lo que a veces se dice, son perfectamente capaces de abordar, conviene diferenciar la razón por la cual los hombres fabrican herramientas —cada vez más y cada vez más variadas— de la razón por la cual un tipo de hombre se pone a fabricar cierto tipo de herramientas.

Es una evidencia decir que el cuerpo erecto, que libera, primero en parte y después completamente, las manos de la locomoción, permite que los extremos de los miembros superiores con el primer radio oponible puedan coger objetos; con la ayuda del desarrollo del sistema nervioso central, un buen día, un australopiteco cambió deliberadamente (o por accidente) la forma de estos objetos a fin de hacerlos más eficaces para realizar las tareas a las que los había destinado; y a partir de este momento, prehumanos y después hombres no dejaron de actuar sobre el mundo y de *transformarlo* en su propio provecho. Y el intercambio permanente *cerebro, mano,* es decir herramientas, y *lenguaje,* es decir sociedad, ya no dejó de realizarse, multiplicando y diversificando de manera autocatalítica y amplificada las herramientas, que se conservaron para nuestra reflexión.

Los estudios de microdesgaste de las partes utilizadas de las herramientas han permitido responder cada vez mejor al otro *por qué,* pasando de simples clasificaciones construidas sobre las formas a ordenaciones sólidamente basadas en las funciones; gracias a los numerosos experimentos y a los exámenes con el microscopio óptico o más magnificados, las cicatrices de corte de la carne, la piel, el cuero, el hueso, la madera, el asta de reno y las plantas, pero también los pulimentos, las estrías, las pérdidas de filo y las desconchaduras se inscriben de tal manera en la herramienta que su lectura es la de las diferentes actividades evidentemente crecientes de los hombres. ¡Por primera vez, por ejemplo, se pudo decir con seguridad que un raspador había raspado o que una raedera había raído (o no)!

Finalmente, el *cómo* se benefició considerablemente de los avances de las técnicas de excavación; cuando se decapa un suelo sin desplazar ningún objeto o información (anotando incluso las más «fugaces», según la terminología de André Leroi-Gourhan), se está ante una página cuya escritura a menudo es abundante y está bien conservada. Si un tallador talló en el lugar su canto rodado o su nódulo y, mejor todavía, utilizó en el mismo lugar lo que produjo y si, por casualidad, fue lo suficientemente desordenado para dejarlo todo allí, núcleos y cantos rodados, lasca tras lasca, podremos rehacer la película de su obra al revés; después bastará con retomarla en el sentido de la historia para recuperar los actos, la reflexión, las técnicas, la elección, el objetivo, el grado de comprensión de la materia y de la forma, y también el grado de habilidad, el éxito o el accidente, etcétera. Y a veces, el *cómo* se escribirá por sí mismo, de manera tan precisa que será posible diferenciar a un gran tallador de un vulgar artesano, un reflexivo de un oportunista, un maestro de un alumno, e incluso un adulto de un niño. A veces, ante un mismo suelo que representa una duración reducida, será posible dar nombres a ciertos talladores, de los que se reconocerá el golpe, la técnica, el estilo y hasta las manías.

El curso terminó con un intento de demostración del nuevo humanismo que caracteriza nuestra época; en efecto, la prehistoria nos aporta, como acabamos de ver un poco, por primera vez en la historia de la humanidad, el conocimiento de todas las culturas de todos los hombres desde los primeros, mientras que la etnología nos aporta la de todas las culturas contemporáneas; el hombre de antes y el hombre de otros lugares se encuentran en nuestro menú diario (radio, televisión, cine, exposiciones, internet, vídeo, CD, CD-Rom, periódicos, libros); la simple lectura de una revista de los espectáculos de la semana es, en este sentido, muy significativa. Y esto fue lo que se hizo con un ejemplo tomado en París durante la segunda semana de mayo de 1997; se encontraron 266 exposiciones, 158 películas en exclusiva, pero también libros, conciertos y restaurantes; sólo en las exposiciones, por ejemplo, nos divertimos catalogando temas sobre las culturas de Argelia, Tíbet, Nigeria, Oceanía, Haití, India, Tailandia, Jordania, Yunnan y sobre las culturas prehistóricas o históricas de Camboya, Grecia (150 años de excavaciones), Europa (los francos), Siria, Sudán y París.

La historia de nuestras ciencias
1991-1992
La historia de la historia del hombre

El curso se centró, como su título redundante quería sugerir, en la historia de la ciencia paleoantropológica.

Ahora bien, el fundamento de esta historia es, evidentemente, dada la naturaleza de la disciplina, el desarrollo de la sucesión de descubrimientos de fósiles humanos y el sentido de esta sucesión, puntos de apoyo de las ideas y de las hipótesis de trabajo. Y esta historia sólo tiene 162 años, puesto que en 1830 fue cuando Philippe-Charles Schmerling, médico de Lieja, descubría, en la cueva de Engis (llamada Engis II), el primer cráneo de hombre fósil conocido, el que más tarde se llamaría hombre de Neandertal. Por otra parte, en sus *Recherches sur les ossements fossiles découverts dans les cavernes de la province de Liège* (Investigaciones sobre los huesos fósiles descubiertos en las cuevas de la provincia de Lieja), obra publicada en 1833, este primer paleoantropólogo de terreno (¡había excavado cuarenta cuevas en cuatro años!) declaraba de manera totalmente clarividente que este hombre fósil era contemporáneo de los mamuts, los osos y los rinocerontes lanudos cuyos restos se encontraron en los mismos rellenos: «He terminado por llegar a la conclusión», escribía, «de que estos restos humanos fueron enterrados en las cuevas en la misma época y, por consiguiente, por las mismas causas que llevaron allí una masa de huesos de diferentes especies extinguidas». El geólogo británico Charles Lyell se dirigió entonces a Lieja, pero no regresó convencido; el paleontólogo francés Édouard Lartet, menos reticente pero prudente, escribió en 1837: «La idea [de la contemporaneidad del hombre y de los animales antediluvianos] no tiene nada de inverosímil». Sin embargo, el descubrimiento de Engis no recibió, en cualquier caso en esta época, el eco que merecía.

Hacia el año 1848, unos canteros de Gibraltar descubrieron otro cráneo de neandertal, éste por casualidad, durante la construcción de las fortificaciones militares de la ciudad; la Gibraltar Scientific Society señaló el hecho en sus actas del 3 de marzo de 1848, pero no fue hasta 1863 cuando un etnólogo francés curioso, T. Hodgkin, de paso por Gibraltar, atrajo la atención sobre este fósil. No obstante, esta pieza, muy importante, tampoco dio lugar a todos los comentarios que habría podido inspirar.

En cambio, los huesos de neandertales descubiertos en 1856, una vez más por canteros, en una cueva del valle de Neander, tuvieron un destino muy diferente. En efecto, se tiraron con los restos de la cueva, pero fueron rápidamente recuperados por un maestro de las cercanías, el doctor J.C. Fuhlrott, que enseguida los entregó a un anatómico, el profesor D. Schaaffausen. Schaaffausen los estudió, los presentó el 4 de febrero de 1857 a la Sociedad de Medicina y de Historia Natural del Bajo Rin, en Bonn, y los publicó en una revista de esta sociedad en abril de 1861. Y así fue como este fósil, ahora famoso, se convirtió en la primera forma humana que recibió una distinción zoológica formal, *Homo neandertalensis* (término que le dio William King del Queen's College de Londres en 1864).

Pero la comunidad científica, como podemos comprender, no estaba en absoluto preparada para el encuentro con el hombre fósil, en especial con éste, que representa —no se descubriría hasta un siglo más tarde— una forma muy derivada —la forma más derivada que se conoce— de *Homo sapiens*.[41] Esta comunidad, a propósito de estos huesos, estuvo dividida durante muchos años, debido a una controversia por otra parte llena de fantasías, para saber esencialmente si este hombre es un caso aislado patológico o un representante de una especie o de una «raza» desaparecida. «Es una criatura degradada», dijo F. Mayer de Bonn, «podría ser un cosaco del ejército del general Chernichef, que acampó en las cercanías antes de cruzar el Rin el 14 de enero de 1814.» «Estos huesos pertenecieron a un hombre de edad, que padeció raquitismo en la infancia, graves heridas en la cabeza en la edad adulta y artritis durante muchos años antes de su muerte», replicó R. Virchov de Berlín. Pero Gaudry, Lartet y Lyell comprendieron rápidamente la importancia del descubrimiento y la realidad de esta forma fósil, y pronto se vieron confortados por nuevos descubrimientos de huesos de morfología comparable, en La Naulette, en el valle del Lesse, y en Bètche-al-Rotche, en Spy, Bélgica, y en Krapina en Yugoslavia a finales del siglo XIX, y después en La Chapelle-aux-Saints en Corrèze, en La Ferrassie y en Moustier en Dordoña, y en La Quina en Charente, a principios del siglo XX. Entonces reinaba en Francia un clima profundamente anticlerical, que estaba a punto de vivir la decisión de la Tercera República de separar la Iglesia del Estado. Sin embargo, por una doble ironía de la suerte, fueron dos clérigos en un lugar llamado La Chapelle-aux-Saints los que reanudaron, a partir de 1908, el debate sobre el significado del hombre de Neandertal —de cuya especificidad ya no se duda, pero con el que se niega cualquier parentesco— y sobre la teoría de la evolución. «Parece ser que el antropopiteco», escribe el periódico *L'Univers* el 17 de diciembre de 1908, «se ha encontrado de nuevo. ¡Ya sabe, el hombre mono, el famoso hombre intermedio que les faltaba a los partidarios del transformismo! Habría que recordar que un mono es un mono y un hombre es un hombre... No se puede convertir a un gato en un perro.» Se encargó a Marcellin Boule, profesor de paleontología del Museo Nacional de Historia Natural, el estudio del esqueleto en cuestión; su trabajo, muy destacable y que se publicó en cuatro veces entre 1911 y 1913 en los *Annales de Paléontologie*, ofreció en realidad una yuxtaposición de descripciones anatómicas de gran calidad y declaraciones totalmente «sometidas» a las ideas de la época. Hacia el final de su memoria, escribió:

> «Tengo que señalar además hasta qué punto las características físicas del neandertal están en armonía con lo que la arqueología nos enseña sobre sus capacidades corporales, su psiquismo y sus costumbres. No hay industria más rudimentaria y más miserable que la de nuestro hombre musteriense... la probable ausencia de cualquier rastro de preocupaciones estéticas o de orden moral concuerda bien con el aspecto bruto de este cuerpo vigoroso y pesado, de cabeza huesuda con mandíbulas robustas y en el que se afirma todavía el predominio de las funciones puramente vegetativas o animales sobre las funciones cerebrales».

Ahora bien, esta «desconfianza» hacia el neandertal todavía dura; el debate sin fundamento sobre la existencia o no en este hombre de un lenguaje articulado, la imagen simiesca que dio Jean-Jacques Annaud de él en su película, por otra parte destacable, *En busca del fuego,* o la obstinación de la prensa y de ciertos investigadores por ver en el Yeti, el Almasty u otro hombre de las nieves, peludo y estúpido, al último neandertal son pruebas suficientes de ello.

Después de los distintos descubrimientos de *Homo sapiens neandertalesis*[42] y del reconocimiento lento pero progresivo de su estatuto, entra en escena *Homo erectus.*

Y el descubrimiento de este hombre fósil curiosamente será preparado por la teoría; en efecto, un naturalista alemán lleno de ideas, Ernst Haeckel, declara, en cierto número de obras publicadas a partir de 1865, que existió un «mono humano», al que llama *Pithecanthropus alalus* (el mono hombre mudo) en un continente, Lemuria, que se extendía de África a Indonesia y Filipinas, pasando por India y Madagascar, actualmente hundido y tragado por las aguas del océano Índico. Un joven médico holandés, Eugène Dubois, entusiasmado por estas lecturas, se compromete, en 1887, mediante un contrato de ocho años, con el Medical Corps del ejército de las Indias neerlandesas orientales para ir a buscar este fósil... y lo encontrará; en efecto, descubre en Java un cráneo fósil, algunos huesos y algunos dientes en Wadjak en mayo de 1890, un fragmento de mandíbula en Kedung Brubus en noviembre de 1890, un diente, una calota craneal, un fémur y otro diente en Trinil, respectivamente en septiembre y octubre de 1891, agosto y octubre de 1892. Describe a los primeros como recientes y «protoaustralianos», y a los últimos como antiguos y correspondientes al fósil predicho por Haeckel; lo llamará *Pithecanthropus erectus* (el mono hombre de pie) y dirá de él que «es claramente, sin ninguna duda, el intermedio entre el hombre y los monos... un hombre-mono muy venerable que representa un estadio en nuestra filogenia».

Pero Dubois no conseguirá convencer a sus colegas y se mostrará a su vez especialmente escéptico ante el estatuto concedido a los descubrimientos posteriores de *Homo erectus* en China y en otros yacimientos de Java.

Justo treinta años después del descubrimiento del primer diente de *Pithecanthropus erectus (Homo erectus),* es decir en 1921, Otto Zdansky, joven austriaco enviado a China por el paleontólogo de Upsala, el profesor Carl Wiman, recogía, en efecto, en Chou-Kou-Tien (ahora Zhoukoudian), cerca de Pekín, el primer diente de lo que se convertiría en *Sinanthropus pekinensis* (el hombre chino de Pekín) *(Homo erectus* también). Zdansky añadió en los años siguientes otros dos dientes a su primer descubrimiento y presentó por primera vez este conjunto de fósiles en 1926 en una reunión con motivo de la visita oficial a Pekín del príncipe heredero de Suecia, presidente del Consejo Sueco de Investigaciones en China. El anuncio de este «hombre de Pekín» tuvo una gran repercusión y retuvo en especial toda la atención de un canadiense, Davidson Black, profesor de anatomía del Peking Union Medical College, hasta el punto de que este último, trabajando sobre fotos, no se avergonzó de publicar ese año la descripción en *Nature* y *Science*. Cuando Otto Zdansky fue nombrado profesor en El Cairo, Davidson Black decidió reiniciar él mismo la excavación, pidió a la Fundación Rockefeller un importante crédito, que obtuvo, y abrió esta nueva obra en Pascua de 1927. Seis meses de trabajo y 3000 metros cúbicos removidos lo condujeron al hallazgo de un nuevo diente que, junto con los otros, le permitió bautizar formalmente el taxón fósil, bautismo que estaba impaciente por hacer: «El espécimen recién descubierto muestra, en el detalle de su morfología, un número de caracteres interesantes y únicos, suficientes para justificar la propuesta de un nuevo género de homínidos». Y así nació *Sinanthropus pekinensis* (Black y Zdansky).

Animado por este resultado, Davidson Black pidió de nuevo que se le subvencionara, descubrió cierto número de dientes y, en 1929, el primer cráneo, que resultó ser sorprendentemente similar al de Trinil. Davidson Black murió en 1934 y pronto fue sustituido por Pierre Teilhard de Chardin, al que se unió el austriaco Franz Weidenreich. En 1937, el balance de esta cosecha era impresionante: 14 cráneos, 11 mandíbulas, 147 dientes, siete fémures y dos húmeros de este *Homo erectus* de Pekín, etcétera, una sorprendente colección que curiosamente desapareció en 1941 (por suerte, después de haber sido estudiada y moldeada) durante un desplazamiento al interior del territorio chino destinado a salvarla. Más adelante, se realizaron nuevas excavaciones en Chou-Kou-Tien, que añadieron nuevos fósiles humanos a las dos primeras décadas de investigaciones.

Después de haber sido considerado sospechoso, de haber sido fustigado y rechazado, el *Homo erectus* de Java terminó por hacerse admitir y, cuando aparecieron los primeros restos de *Homo erectus* de China, esta forma fósil era más o menos reconocida; fue necesaria la publicación de las herramientas recogidas en las mismas capas para hacer reaparecer, aunque desplazado, el mismo problema de reticencia en admitir a estos ancestros, a medida que se descubrían y fueran los que fueran: «Influido por las rasgos primitivos del sinántropo y por la relativa debilidad de su capacidad cerebral, Marcellin Boule, escribió Jean Piveteau en 1957, no creía que hubiera podido ser el autor [de estas herramientas]. Suponía que, al mismo tiempo y en el mismo lugar, había vivido un hombre auténtico, que sabía tallar la piedra... y del que el sinántropo habría sido la presa».

A pesar de algunas opiniones desviadas —por ejemplo que *Homo erectus* no sería un ancestro sino un descendiente sin descendencia del australopiteco robusto o bien una forma africanoasiática pero seguramente no europea, etcétera—, hoy en día se reconoce, en su conjunto, el papel de *Homo erectus* en nuestra filiación y, por supuesto, se admite perfectamente su capacidad de saber tallar la piedra.

Por último, después de las aventuras de *Homo erectus* llegaron las de *Australopithecus,* también rocambolescas. Un día de octubre de 1924, el geólogo R.B. Young entregó a un colega, el joven Raymond Dart, profesor de anatomía de la Escuela de Medicina de la Witwatersrand University de Johannesburgo, un pequeño cráneo de primate, procedente del relleno de una fisura de las calizas de Taung, en Bechualandia. Dart limpió el cráneo de su ganga de brecha, lo describió, lo bautizó como *Australopithecus africanus* (el mono de África austral) y lo publicó en *Nature* en febrero de 1925, con lo que lo convirtió, basándose en dos conjuntos de caracteres que faltaban, según decía, en un avance indiscutible sobre los grandes simios (dientes y cerebro), una forma fósil ancestral, la «penúltima» fase de la evolución humana. Dart, en este artículo, se mostraba ingenuo, excesivo y partidista, pero totalmente clarividente. Es inútil decir que, una vez más, una demostración de este tipo sólo produjo escepticismo, desacuerdo y rechazo, y que Dart no recibió en Londres la acogida que deseaba: «La reacción [fue] más de crítica que de adoración de su posible ancestro», escribió entonces.

En efecto, las miradas se dirigían hacia otro fósil, que tenía la ventaja de presentar lo que los paleontólogos esperaban. Desde que Arthur Keith, en 1910, había estudiado de nuevo el esqueleto humano descubierto en un lugar llamado Galley Hill, al este de Londres —esqueleto erguido, con un gran cerebro y dotado de áreas cerebrales del lenguaje articulado—, y lo había considerado del pleistoceno inferior, el hombre moderno se mostraba muy antiguo y el neandertal y el pitecántropo como degenerados. En diciembre de 1912, Arthur Smith Woodward anunciaba el descubrimiento, realizado cerca de Piltdown Common en Sussex por un geólogo aficionado, Charles Dawson, de restos de un nuevo hombre fósil que llamó *Eoanthropus dawsoni* (el hombre del alba de Dawson). Dado que este hombre, de cráneo voluminoso pero con la mandíbula de gran simio, parecía estar asociado a una fauna del pleistoceno antiguo, e incluso del pleistoceno, los anatómicos se vieron tentados, evidentemente, a seguir a Arthur Keith en sus ideas sobre la extrema antigüedad del hombre moderno y a creer que, si bien el hombre fósil había conservado durante algún tiempo los estigmas de su ascendencia simiesca (mandíbula), también había adquirido, hacía mucho tiempo, un gran cerebro en un cráneo casi actual. Esto permite comprender mejor por qué la presentación del cráneo de Taung, con dentadura humana y cerebro pequeño, por lo tanto con una imagen inversa con respecto a la imagen teórica, no podía entonces llamar la atención de los miles de científicos competentes. Después, los australopitecos, como sabemos, «siguieron su camino» y se instalaron sólidamente en el estatuto que Raymond Dart les había atribuido en 1925; en cuanto al fósil paradójico de Piltdown, hasta 1950 no se observó, a través de las pruebas de fluorina realizadas por Kenneth Oakley, que estaba formado por un cráneo de hombre moderno y una mandíbula de orangután también contemporáneo (el porcentaje de flúor aumenta con el tiempo; los vertebrados fósiles del pleistoceno de Piltdown contenían un 3,1% de flúor, *Eoanthropus* un 0,2% y el esqueleto de Galley Hill un 0,3%).

Por tanto, este curso mostró, a lo largo de la historia de la disciplina, las dificultades que tuvieron todos los fósiles humanos sin excepción para ser reconocidos y admitidos en su justo lugar. ¡Sin embargo, fueron descubiertos —neandertal, 1830; pitecántropo, 1891; australopiteco, 1924— en el orden inverso a su antigüedad!

1995-1996
Hipótesis, su uso y sus limitaciones

La idea del tema del curso se me ocurrió, por supuesto, a raíz del descubrimiento a 3000 kilómetros al oeste del valle del Rift, que había convertido desde hacía diez años, en mis hipótesis, en una barrera natural homínidos (al este) / pánidos (al oeste), de restos de australopitecos de tres a 3,5 millones de años. Me pareció interesante reflexionar, en esta ocasión, sobre lo que son las hipótesis de trabajo, cómo surgen, cómo viven y hacen avanzar la investigación, pero también cómo se extinguen y se sustituyen por otras.

Utilicé una reciente encuesta de *L'Express,* publicada el 3 de agosto de 1995, sobre «Lo que no sabemos», para inaugurar este curso, presentando las preguntas que se plantean dieciséis «sabios» —una buena muestra en su calidad y su diversidad— y las hipótesis que elaboran para intentar resolverlas.

En efecto, de estas dieciséis declaraciones, se desprenden algunos puntos en común muy interesantes, como la constatación que se podía esperar sobre la complejidad de las cosas, que da lugar, por supuesto, a la justificación de la especialización y, como consecuencia, a la apariencia irrisoria de las preocupaciones de los «sabios» para el público cuando no se le explican; por ejemplo, Jean Delumeau se pregunta si ha registrado todas las «Vírgenes con manto», Jacqueline de Romilly si un texto atribuido a Jenofonte es realmente suyo, Pierre Rosenberg si un Poussin es realmente un Poussin... A Paul Veyne, le gustaría conocer los ingresos anuales por habitante en el imperio romano de los tres primeros siglos de nuestra era, a Marc Fumaroli por qué Madame de Montespan protegía a La Fontaine, a Hubert Reeves cómo es posible que la energía del vacío no curve el espacio, ¡y yo quisiera saber qué australopiteco es el origen de qué hombre! Es fácil comprender la perplejidad e incluso el embarazo de un público al que se pregunta, sin preparación, qué piensa de estas investigaciones. Evidentemente, su interés se centra primero en lo inmediato: ¿hay que retrasar el envejecimiento (Étienne Baulieu)?, ¿conservar el anonimato de la donación de esperma (Jacques Testard)?, ¿se podrán prever los seísmos (Xavier Le Pichon) o tratar el sida (Luc Montagnier)? Después, con las siguientes preguntas, sin duda se alcanza un segundo grado: ¿cuáles son los mecanismos de la evolución (Yves Coppens)?, ¿cómo y por qué se formaron las galaxias (Hubert Reeves)?, ¿se debe actuar sobre la memoria alterando la elección psicológica de los recuerdos (Étienne Baulieu)?, ¿qué área del cerebro trabaja y cuándo (Jean-Pierre Changeux)? Para terminar, con un último lote de interrogantes, se podría llegar a un tercer grado: ¿por qué este sentido y esta coherencia del universo (Yves Coppens, Hubert Reeves)?, ¿esta predisposición del cerebro al juicio moral (Jean-Pierre Changeux)?, ¿puede haber un nivel de integración de la vida más allá del de las células, los tejidos, los organismos y las sociedades, del que no tenemos conciencia (Luc Montagnier)?

De estas reflexiones, se desprende la constatación de la necesidad para una sociedad de haber alcanzado cierta madurez para ser capaz de plantearse determinadas preguntas: aunque se hubiera tenido antes la idea de la tectónica de placas, no se habrían tenido los medios de comprobarla (Xavier Le Pichon); la primera inseminación artificial se realizó en 1780 y la primera fecundación *in vitro* en 1978, cuando ya era posible en 1950 (Jacques Testart); el descubrimiento de las propiedades de la arcilla cocida tuvo lugar hace 25.000 años, pero sus cualidades no se aplicaron a la fabricación de recipientes hasta 15.000 años más tarde (Yves Coppens); el sufrimiento psíquico que se expresaba no hace mucho por parálisis, se traduce todavía hoy por insomnios, depresiones o trastornos digestivos (Édouard Zarifian), etcétera. Como consecuencia, se plantea el interesante problema de la adaptabilidad de los métodos.

La primera hipótesis propiamente dicha estudiada por el curso fue la que emití hace ya quince años y que se conoce con el nombre de *East Side Story*.

En efecto, la comunidad de paleoantropólogos pensaba en 1980 que la cuna de la humanidad —el momento en que los homínidos en sentido restringido (y falso) se separaron de los otros filos de primates superiores— cubría las regiones intertropicales del Viejo Mundo y debía de tener unos 15 millones de años de antigüedad. ¡Pero, en 1982, durante un congreso, *Ramapithecus* y los suyos se presentaron separados de la familia! La situación de la cuna se contrajo entonces considerablemente en el tiempo y en el espacio; ahora convenía pensar en el origen de nuestra filiación en términos de África, exclusivamente, y de australopitecos, es decir, de antepasados de menos de diez millones de años. Por otra parte, dado que los gorilas y los chimpancés (africanos) se presentaban como nuestros primos más cercanos, surgió ante mis ojos inmediatamente (durante el congreso de 1982) una solución simplona; en efecto, el mapa de África mostraba un área de distribución de los australopitecos separada de la que ocupan los gorilas y los chimpancés en la actualidad y debían de ocupar desde hacía mucho tiempo, puesto que ninguno de sus restos fue descubierto en el sector australopiteco, y, por otra parte, este mapa mostraba que, como la espada de Tristán e Isolda, el valle del Rift materializaba esta separación. Así pues, convenía manejar esta contradicción; pánidos y homínidos se encontraban genéticamente tan cercanos que sólo podían concebírseles unos ancestros comunes y al mismo tiempo estaban muy separados unos de otros en la naturaleza.

Ahora bien, la ciencia es lógica. También se podría invertir la proposición; su razonamiento permitía, pues, este encadenamiento premonitorio; a ancestros comunes, medio común, por una parte; pero si la descendencia de estos ancestros está dividida es que algo hizo que el medio lo estuviera. La lectura de trabajos anteriores de geofísicos, paleontólogos, paleobotánicos, paleoecologistas y paleoclimatólogos confirmó felizmente mi nuevo enfoque; en efecto, hace unos ocho millones de años, dicen estos trabajos, el «rifting» se reactivó incontestablemente —fosa y muralla—, lo cual dio lugar a un importante cambio ecológico, merced al cual, a partir de una selva ancestral, el paisaje se abrió al este y surgieron los monzones.

Dado que todos los naturalistas del mundo dicen que, para que haya especiación, es necesario que se produzca el aislamiento de una pequeña población a partir de una grande, África oriental, entre el Rift y el océano Índico, me parecía que respondía bien a este modelo de un foco peripátrico a partir de una amplia patria ecuatorial transafricana.

En la actualidad, el balance de la situación sugiere esta bifurcación esencial hace aproximadamente ocho millones de años, en África intertropical: una rápida diversificación de formas de homínidos en función de las cuencas y las coberturas con, a partir de los cinco millones de años, al menos dos vías, una jalonada por *Ardipithecus ramidus* (si este género no representa otra ruta), *Preaustralopithecus*[4] *afarensis, Zinjanthropus aethiopicus* y *Zinjanthropus boisei,* de medio más arbolado, que conservaron durante mucho tiempo, al lado de su bipedismo trotador, un arboricolismo ágil y después inventaron una corpulencia disuasiva y una dentadura para comer vegetales más coriáceos, y la otra por *Australopithecus anamensis* (descrito en Kanapoi y en Allia Bay, pero presente también discretamente [A. L. 333 29; W 33; 4; X 26; 101] en Hadar, al lado de *Preaustralopithecus*[4] *afarensis), Homo rudolfensis, Homo habilis* y *Homo ergaster,* de medios más cubiertos, que adquirieron muy deprisa un bipedismo exclusivo y después inventaron un gran cerebro y una dentadura para comer de todo. Toda esta parte de la historia, desde su glorioso origen hasta su parto del hombre, es muy probablemente esteafricana, pero es cierto que la progresión del frente de sabanas hacia el sur, el centro y el oeste del continente hace cuatro millones de años tuvo que comportar el despliegue en las mismas direcciones de su contenido, es decir de los australopitecos, *Australopithecus africanus* y *Paranthropus robustus* hace 3,5 millones de años en África del sur (con el recuerdo de la abducción del hallux a su llegada y la reproducción paralela del modelo esteafricano disuasivo y partenueces en el momento del cambio climático hace 2,5 millones de años) y *Australopithecus bahrelghazali* hace 3,5 millones de años en África central (con el recuerdo de los premolares trirradiculares y de la morfología maciza de los caninos).

La *East Side Story,* por el momento, conserva, pues, su virtud de explicación «parsimoniosa»;[43] sin embargo, no es necesario ser un gran mago para decir que un día cercano deberá desaparecer ante otra hipótesis que tenga más en cuenta nuevos parámetros todavía ignorados. En el centro de una historia ciertamente mucho más compleja, es probable que quede algo, pues la correlación de los acontecimientos tectónicos, ecológicos y biológicos no puede ser sólo una coincidencia.

Antes de la *East Side Story,* la búsqueda de los orígenes del hombre estuvo dominada durante veinte años por el complejo rama-siva-kenyapitecos; el esclarecimiento de esta fuente, generosa puesto que era a la vez antigua (una buena quincena de millones de años) y estaba ampliamente repartida por toda la zona intertropical del Viejo Mundo, fue suscitado por Elwyn Simons, entonces profesor en Yale. En efecto, los descubrimientos de Louis Leakey en Olduvai acababan de llamar la atención sobre el plioceno y el pleistoceno antiguo (el cráneo tipo de *Zinjanthropus boisei* fue descubierto en 1959 y se datô por primera vez de forma absoluta en 1961); por otra parte, se imponía un nuevo examen del único primate del plioceno conocido, *Ramapithecus,* conservado en Yale. G.E. Lewis fue quien lo descubrió por primera vez en 1932 (un maxilar recogido por la Yale North India Paleontological

Expedition). Elwyn Simons escribía en 1961 (de manera clara, pero algo «retorcida»): «Es ilógico pensar que esta forma pertenezca a un grupo de grandes simios desconocidos, paralelo a los homínidos, cuando se encuentra en los niveles adecuados y los lugares adecuados para representar a un precursor de los homínidos pliocénicos». A partir de esta declaración, Elwyn Simons, al que pronto se une David Pilbeam, se esfuerza por distinguir a *Ramapithecus* y los suyos de los primates superiores anteriores, los driopitecos, y de los primates superiores siguientes, los australopitecos; uno y otro realizan al mismo tiempo una revisión exhaustiva de todos los restos de primates fósiles de estos años. Simons, en 1979, precisa que los ramapitecos se sitúan entre España y el Himalaya, y entre trece y siete millones de años. En cuanto a Pilbeam, declara en 1978 que los australopitecos que sustituyen a los ramapitecos en los hábitats abiertos pueden haber evolucionado a partir de éstos.

Observemos, por supuesto con simpatía, el entusiasmo de estos dos colegas cuando declaran que los objetos rechazados por los ramapitecos son totalmente comparables a los de los australopitecos o de los hombres, o que, dado que vivían en el suelo, donde la unión hace la fuerza, estos primates tuvieron que ser bípedos, al menos de forma ocasional, y reunirse en grupos sociales importantes, cuyos actos y gritos constituirían un amplio repertorio para una comunicación elaborada entre los individuos; *contra* Darwin, la reducción del tamaño de los caninos habría por tanto precedido a la herramienta.

El descubrimiento por Yale y después Harvard, Peabody Museum Siwalik Research Project, con la dirección de David Pilbeam, de una cara de primate superior *«quite Orang-like»*, durante su campaña 1979-1980, y su publicación en 1982, marca el final de estas dos décadas de dominación de los ramapitecos y dirige la reflexión hacia lo menos antiguo y mejor circunscrito, oportunidad que cogeré por los pelos sin haberlo querido inmediatamente.

Antes de que Elwyn Simons revisara, en 1961, el material fósil atribuido o atribuible a *Ramapithecus* y convirtiera a este primate en el homínido más antiguo, otra hipótesis, especialmente apreciada por los partidarios inconfesados del origen europeo de los hombres, había prevalecido durante los veinte años anteriores (¡como si la duración de vida de una hipótesis sobre nuestro origen no pudiera superar los veinte años!); en efecto, se centraba en el papel estelar del primer homínido, el *Oreopithecus* toscano.

El héroe de este reino efímero fue Johannes Hürzeler, del Museo de Basilea. En efecto, Hürzeler retomó, a finales de los años cuarenta del siglo pasado, el estudio de este primate descrito en 1872 (por Paul Gervais) y propuso que, en la mezcla indiscutible de caracteres de monos con cola y de antropomorfos que presenta el oreopiteco, los primeros de estos caracteres eran plesiomorfos y los segundos de adquisición reciente. Y como cualquier autor apasionado y convencido, seguimos entonces, gracias a su pluma, la progresión cada vez menos crítica de su pensamiento; en 1949, el oreopiteco es simplemente un antropomorfo; en 1954, se encuentra en varios aspectos en la vía de los homínidos y debe colocarse entre estos últimos. Para saber más, Hürzeler viaja al terreno, que es lo que hay que hacer; en 1954, se extraen nuevos restos de este fósil de una mina de lignito de Baccinello, y Hürzeler está allí para recogerlos, pero la mina cierra; en el año 1956, los mineros fundan una cooperativa y reinician la explotación; Hürzeler aprovecha para abrir excavaciones sistemáticas y le sale bien, porque son coronadas por el éxito el 2 de octubre de 1958; en efecto, se encuentra un esqueleto casi completo de oreopiteco en el techo de una de las galerías. Su preparación y posterior estudio se realizan en el Museo de Basilea, a buen ritmo, y muestran muchos rasgos hasta el momento desconocidos, que van en el sentido de la hipótesis de Hürzeler (cara corta, huesos nasales prominentes, mentón redondeado, pelvis ancha y corta, sínfisis púbica corta, vértebras lumbares robustas y en número de cinco, etcétera) y algunos que se oponen a esta hipótesis (longitud de los huesos del miembro superior, por ejemplo). Por supuesto, Hürzeler tiene en cuenta todo esto en sus nuevas conclusiones, pero de manera diferencial:

> «Es posible reprochar a este desdichado ser fósil de la Toscana», escribe, «su estado de braquiador, pero, si bien este rasgo orienta hacia una especiación clara, no deja de conservar esta suma de caracteres fundamentales, ese abanico de rasgos primordiales que toman partido por sí mismos y conducen irremediablemente a la conclusión expresada. Me veo obligado a clasificar al oeropiteco entre los homínidos».

Después de este acto de fe, las opiniones se dividieron de nuevo, en especial en el sentido de sumergir el filo de los Oreopithecidae (cuyas formas se han reconocido en el mioceno en África oriental) en lo más profundo de los orígenes de los catarrinos; es una solución de espera cómoda que los paleontólogos conocen (bien).

Una vez revisado el último siglo de investigaciones de pretendientes a nuestra paternidad, *Oreopithecus, Ramapithecus* y *Australopithecus,* el curso se divirtió demostrando la hipótesis del *«very ancient modern looking ancestor»* (el ancestro de aspecto muy antiguo y moderno) o hipótesis de la inquietud.

Esta investigación nació del encuentro con el neandertal, cuya cara producía espanto; dado que no se podía hacer desaparecer esta pesadilla de hombre fósil, había que imaginar dos líneas, una bien parecida, la nuestra, y otra difícilmente presentable, la neandertalense. Se empezaron a buscar *sapiens* por todas partes y sobre todo en los niveles anteriores al neandertal. Y la larga teoría de los verdaderos hombres modernos mal datados (La Denise, Moulin Quignon, Galley Hill, Kanam), de los verdaderos hombres fósiles mal interpretados (Swanscombe, Fontéchevade, pero también Saccopastore, Steinheim, Ehringsdorf, La Chaise) e incluso de los falsos hombres fósiles inyectados (Piltdown), que tenía la ventaja de permitir librarse no solamente del neandertal (bruto), sino también del pitecántropo (con un intelecto muy pobre), desde su descubrimiento en la última década del siglo XIX, tampoco tranquilizó demasiado. Por supuesto, conviene distinguir, en todos estos intentos, las auténticas supercherías, afortunadamente excepcionales (Piltdown, 1911-1915), y los malos deberes de aficionados sin demasiado espíritu crítico (Boucher de Perthes para Moulin Quignon, 1863) o de científicos obstinados (Arthur Keith para Galley Hill, 1910-1912 o Louis Leakey para Kanam, 1932-1935) de las verdaderas hipótesis construidas de forma muy rigurosa (los presapiens de Henri Victor Vallois, 1958).

En realidad, parece que los caracteres considerados como modernos de los «*Homo sapiens*» de antes de los neandertales sean caracteres plesiomorfos, conservados en el hombre moderno. En efecto, es divertido constatar que esta población de presapiens, que se suponía que había dado lugar al hombre de Cro-Magnon (moderno), desapareció por completo en cuanto el hombre de Neandertal surgió y, por lo tanto, mucho antes de que apareciera el hombre de Cro-Magnon. Ahora hemos comprendido bien que la neandertalización era un excelente ejemplo de deriva genética; los hombres fósiles de Europa que se beneficiaron de ella se cargaban cada vez más, con el tiempo y de manera estadística, de rasgos derivados o autapomorfias; un neandertal antiguo (Swanscombe, Fontéchevade, Steinheim, etcétera) tiene un aspecto forzosamente más moderno que un neandertal más reciente, más cargado de caracteres neandertalenses. En Europa, no hubo hombres modernos antes de la llegada del hombre de Cro-Magnon, hace unos cuarenta mil años.

Por último, me pareció interesante terminar el curso con dos ejemplos extraídos de sucesiones de hipótesis de la prehistoria más reciente; elegí la interpretación del arte rupestre europeo del paleolítico superior y la de los alineamientos megalíticos armoricanos, que conozco especialmente bien.

En primer lugar, el arte prehistórico occidental está presente y bien circunscrito en el tiempo —de 36.000 a 10.000 años— y en el espacio, del Périgord a los Urales, pasando por Suiza, Austria, Italia, República Checa y Alemania, y bien desmarcado de las otras grandes escuelas artísticas prehistóricas. Es un arte que surge en el momento de un interestadio y de una nueva humanidad, avanza lentamente, alcanza un apogeo y después se extingue en el momento del paso de las oscilaciones glaciales a una mayor estabilidad templada; este arte, ni narrativo ni realista, unas veces figurativo y otras abstracto (cuando no se sabe interpretar en su sentido genuino), en realidad es un arte simbólico, proyección de una concepción religiosa.

Por consiguiente, es divertido seguir la historia de su interpretación; en los años 1870-1880 (Édouard Piette), lo figurativo era el arte por el arte, lo abstracto la firma; en los años 1900-1920, lo abstracto debía concretarse (chozas, trampas, blasones), gracias a un comparatismo etnológico; en los años Breuil, los animales representados lo eran para ser embrujados, para asegurar a los cazadores su posesión mágica; y después, en los años Leroi-Gourhan, se intentó una visión de conjunto; se trataba de un sistema basado en la alternancia, la complementariedad o el antagonismo de valores masculinos y femeninos, un sistema sorprendentemente inalterado durante miles de años y cuyo orden se captaba a la perfección, aunque no siempre se propuso de forma racional, evidentemente sin comprender el sentido.

El calendario a cielo abierto de seis milenios de antigüedad de los seis alineamientos de Erdeven (1)-Plouharnel (1)-Carnac (3)-La Trinité-sur-mer (1), que reúne miles de menhires en campos de 1000 metros × 100 metros de una docena de filas cada vez, a lo largo de una quincena de kilómetros de oeste a este, se describió también como un buen ejemplo de estimulador de hipótesis.

En 1750, «las piedras de Carnac son una consecuencia y un efecto de los trastornos que la Tierra ha sufrido» (Bourreau

Deslandes); en 1756, es «un campo de batalla donde se habría querido honrar la memoria de los que allí perecieron» (De Robien); en 1770, son «las huellas de antiguos campamentos (romanos), los soldados erigieron estas piedras para proteger sus tiendas; su disciplina exigía la regularidad de los alineamientos» (De la Sauvagère); en 1796, fue el «lugar elegido por los druidas para sus asambleas generales» (La Tour d'Auvergne); en 1805, son «los emblemas del sol y de los astros de uno de los signos del zodiaco, la serpiente» (Maudet de Penhoët); en 1887, su orientación se encuentra en la dirección «de la salida del sol en los solsticios» (Du Cleuziou), etcétera. A pesar de muchas otras derivas (los héroes de la guerra de Troya, un gigantesco falo...), nos encaminamos relativamente deprisa y de manera cada vez más elaborada, cada vez mejor cuantificada, hacia esta interpretación astronómica, todavía vigente en la actualidad.

2001-2002
Vasijas y huesos

El curso que trataba sobre mis cincuenta años de práctica de la arqueología y la paleontología se titulaba «Pot et os» (Vasijas y huesos).

Evidentemente, no era cuestión de recorrer este medio siglo, año tras año, sino de exponer algunos problemas tal como se me presentaron y tal como fueron comprendidos, manejados y al menos a veces en parte resueltos.

El primero, dado que pasó a ser de actualidad gracias a los trabajos múltiples y recientes (¡y que asombraron!) sobre los grandes simios, podría llamarse «Lo propio del hombre». Sin duda, no es inútil recordar que hace alrededor de ocho millones de años se separaron la línea de los grandes simios y la de los hombres; unos y otros comparten, pues, una ancestralidad común cercana. Por nuestra parte, esta línea empieza por un grupo generoso de prehumanos para reducirse hace unos tres millones de años a solamente algunas ramas, al menos una de las cuales será portadora de conciencia. Esta conciencia no está fosilizada, pero su existencia se ve traicionada por las herramientas deliberadamente talladas y por los animales de caza (sus huesos) deliberadamente transportados para ser compartidos, que acompañan ahora a los restos de estos homínidos. Dado que las herramientas de piedra consideradas en este sentido tienen entre 3,2 y 3,3 millones de años (Omo, Etiopía) y las huellas de campamentos de base tienen un poco menos, es posible fijar la emergencia de esta conciencia, que a este nivel ya es una propiedad del hombre (filosófica), en una horquilla que va de 3,5 a 2,5 millones de años.

El lenguaje, que hacen posible el aumento del encéfalo y la transformación de las regiones gnática y faríngea, debe de desarrollarse a partir de este momento y con él los diálogos constantes entre cerebro y manos. Poco a poco, se observa un aumento del pensamiento simbólico, con su acompañamiento de respeto hacia el otro.

Los cráneos de los muertos quizá sufren tratamientos (¿rituales?) —cortes localizados— a partir de 1,5 millones de años; las fosas funerarias quizá reúnen los cuerpos hace 800.000 años y de forma más segura hace unos 500.000 años; las inhumaciones individuales de algunos cadáveres se practican hace 100.000 años. Y cuando se siente la curiosidad de mirar quién ha sido elegido para beneficiarse de este enterramiento, sorprende encontrar, en un 25%, a niños, lisiados, anormales y enfermos. ¿Cómo no traducir esto en términos de sensibilidad, emoción, afecto o solidaridad?

Esta solidaridad se lee también en la asistencia de la que se beneficiaron a todas luces cierto número de personas discapacitadas; por ejemplo, un neandertal de 200.000 años de antigüedad capaz de comer sólo alimentos blandos (Vaucluse), otro de 100.000 años, repleto de fracturas graves todas consolidadas y que no había podido ni recolectar ni cazar después de tamaña catástrofe (Irak), un *Homo sapiens* de 20.000 años con los dos codos bloqueados en extensión, incapaz de alimentarse (Argelia), una mujer epipaleolítica de 8000 años con la pelvis reventada y, por lo tanto, parapléjica con trastornos esfinterianos (Argelia), un neolítico de 5000 años con la columna vertebral rígida por espondilartritis (Normandía), un enano jorobado neolítico de 5000 años con los miembros deformados (Normandía), etcétera, todos sobrevivieron a su discapacidad.

Añadamos, para valorarlo bien, algunas indicaciones de las primeras manifestaciones de verdaderos tratamientos médicos y quirúrgicos —amputación, movilización o inmovilizaciones de articulaciones, trepanaciones— o de odontología: aparatos, implantes.

Fabricación, bienes compartidos, pero también conocimientos, angustia existencial, espiritualidad, emoción, altruismo, sólo hay que molestarse en elegir para caracterizar al hombre, a pesar de que algunos de estos rasgos deben cuantificarse para atribuírselos. Que el gran mono se parezca al hombre o recíprocamente es normal, dadas sus relaciones de parentesco. Que el hombre haya llevado a otro nivel estos elementos que compartimos con nuestros primos tampoco plantea dudas, y que este nivel haya desembocado al mismo tiempo en nuevos aspectos, especiales, propios del hombre, no puede escapar al sentido común: *more is different.*

El segundo problema abordado por el curso fue un problema de arqueología. Un día (fue en 1948), me llevaron a un yacimiento protohistórico, a orillas del golfo de Morbihan, un yacimiento que se presentaba en forma de una increíble acumulación de pequeños fragmentos de una cerámica muy delgada y muy roja que apareció en el corte del microacantilado de la costa, y allí me planteé la pregunta de saber qué edad podía tener aquella cerámica y cuál habría podido ser su función.

Para responderla, primero recorrí decenas de kilómetros de costas para intentar encontrar, en las mismas condiciones del yacimiento, este tipo de cerámica. Y me salió bien, puesto que pude identificar cuarenta lugares comparables en media docena de años.

Algunos de ellos me ofrecieron, junto a esta cerámica delgada y roja tan característica, vasijas con decoraciones elaboradas y de esta forma pude situar con mucha rapidez estos establecimientos en la época gala llamada del Tène (unos siglos antes de Cristo), lo cual se confirmó más adelante mediante dataciones con C14.

Por otra parte, cierto número de elementos eran compartidos por todos los yacimientos, lo cual evidenciaba que los pequeños recipientes se habían producido en masa y que su uso tenía relación con el mar.

Tras diversas excavaciones, evidentemente algunas de ellas después de estos años pioneros, estos establecimientos se consideraron instalaciones destinadas a la extracción y la comercialización de sal marina. Se habían cavado tinas para almacenar, unas la arcilla de las futuras vasijas y otras agua de mar. Se habían construido hornos para fabricar los «famosos» pequeños recipientes y cierto número de ladrillos, y después para organizar, en un segundo tiempo, la elaboración de agua de mar instalando los pequeños recipientes destinados a contenerla sobre rejillas formadas por estos ladrillos. Así pues, estos hornos-fábrica habían inventado, hacía 2500 años, la producción en masa y el embalaje desechable. Cada pequeño recipiente, de arcilla curva, contenía un pan de sal de 500 gramos, fácilmente desmoldable dada la forma del recipiente (abertura y fondo rectangulares, abertura más grande que el fondo y lados de forma trapezoidal). Por ejemplo, se estimó la producción de una carga de horno de 150 recipientes pequeños en 80 kilogramos de sal.

La historia siguiente es igualmente arqueológica; también es pionera y se desarrolla en Chad a principios de los años sesenta.

Centenares de kilómetros de prospección me habían conducido, durante siete años, a descubrir, en las sabanas y los desiertos del BET (Borkou, Ennedi, Tibesti), centenares de yacimientos (300 a 400) escalonados a lo largo de los últimos 10.000 años. Me contenté con colocarlos en los mapas de que disponía y con tomar cada vez una muestra de algunos de los objetos que me parecían más característicos (fragmentos de cerámica, sobre todo).

Cuando me invitaron a presentar una comunicación en el primer Coloquio Internacional de Arqueología Africana en diciembre de 1966, en Fort-Lamy,[44] me entraron ganas de ordenar un poco mis muestras para ofrecérselas en orden a los colegas arqueólogos. Y tuve el placer de establecer diez asociaciones cerámicas diferentes, que podían corresponder a diez culturas sucesivas:

10: contemporáneo 0
9: edad del hierro reciente 600 años
8: edad del hierro media final 1000 años
7: edad del hierro media 1500 años
6: edad del Hierro antigua 1800 años
5: transición neolítico hierro 2300 años
4: neolítico final 3000 años
3: neolítico medio 5000 años
2: neolítico antiguo 7000 años
1: neolítico muy antiguo 9500 años

Pero también tuve la sorpresa de darme cuenta de que, en el espacio, estas culturas no se superponían completamente. En el sector de alrededor de trescientos kilómetros de lado que había elegido como demostración, las diez culturas en cuestión parecían haberse desplegado de este a oeste con el paso del tiempo, lo cual, debo decir, me resultó absolutamente incomprensible. Después, la idea de superponer los mapas topográficos a mis mapas de distribución de repente lo esclareció todo. En resumen —porque el detalle es, evidentemente, un poco más complicado—, el Sáhara se secaba y el lago Chad, de 300.000 kilómetros cuadrados al inicio, también se secaba; «el hombre seguía al agua», dicen los refranes locales, y las culturas descendían en la topografía a medida que las orillas del lago retrocedían.

Esto me permitió medir la velocidad de desecamiento del Sahel y prever por extrapolación (aunque la velocidad de desecamiento no sea, evidentemente, regular) las situaciones futuras; el lago Chad tenía 20.000 kilómetros cuadrados de agua libre en los años sesenta; ¡después del pico de sequía de los años setenta, cuenta en la actualidad con 3000 kilómetros cuadrados!

Otra de las cuestiones abordadas fue la de las materias primas utilizadas para fabricar, en el neolítico, las hachas de piedra en el macizo armoricano, que no posee sílex. En efecto, un estudio realizado a partir de miles de objetos mostró la presencia de solamente un 5% de hachas de sílex, forzosamente importadas, un 5% de hachas de piedras verdes (a menudo solemnes) también importadas, y un 90% de hachas de dolerita y fibrolita de origen local, utilitarias por excelencia.

Nos interesamos por dos de estas materias, una metadolerita y una metahornblendita.

Primero hubo que examinar la piedra utilizada en láminas finas con el microscopio de polarización. Para ello, se realizaron pequeñas extracciones en el seno del hacha (con barrenas tubulares de diamante) que permitieron recoger la materia prima del centro del objeto (¡la extracción de una rodaja fina de la superficie de la muestra y su posterior pegado en el emplazamiento del agujero devolvían al hacha su aspecto anterior y eliminaban los signos del «vandalismo» de ese pequeño cilindro extraído!).

Una vez identificadas las materias primas de las hachas, había que establecer los mapas de distribución. Para las dos piedras elegidas, los mapas dibujaron por sí solos gradientes de densidad creciente que conducían a una especie de centros de dispersión.

Sólo quedaba dirigirse a los lugares de mayor frecuencia para confirmar —o no— la indicación del mapa. Y el «milagro» se produjo; encontramos en Plussulien los talleres de explotación de la metadolerita y en Pleuven canteras donde afloraba la metahornblendita (muy característica de las hachas naviformes llamadas de combate).

En Plussulien, un kilómetro cuadrado de explotación a cielo abierto mostró los estigmas de la extracción de los bloques (utilización de percusión con piedra y más tarde con fuego), de lascado (desbaste y posteriores retoques con percutor de piedra) y después tallado de las hachas (escodado con pequeñas mazas de piedra y pulido). Se obtuvieron dataciones de 6000 a 4000 años.

A partir de Plussulien, por una parte, y a partir de Pleuven, por otra, los mapas mostraban una bonita difusión de estos objetos, a lo largo de los ríos de Francia, el Loira, el Sena y el Somme, pero también hasta Inglaterra, Bélgica y los Países Bajos.

Era otra hermosa demostración del uso de los mapas de distribución de los objetos, que conducía a las fuentes de las materias primas, en un sentido, y a las grandes vías de comercio e intercambios, en otro.

Hacia finales de la edad del bronce, hace alrededor de tres mil años, Armorique comenzó a fabricar hachas un poco especiales, llamadas hachas con hembrilla, instrumentos de bronce, hechos con molde de arcilla, huecos y equipados con una anilla. Estas hachas se caracterizan por su abundante producción y su frecuente almacenamiento, sin otros objetos asociados (80 depósitos en Côtes-d'Armor, por ejemplo, que totalizan 6500 hachas, 90 en Finisterre, que representan 9000 hachas, 80 en La Mancha, que llegan al récord de 11.000 hachas, etcétera); se caracterizan también por su enterramiento ordenado (a veces, colocadas en círculos, unidas por una cuerdecilla de cáñamo, en sacos, cofres de madera, recipientes de cerámica o vasos a su vez colocados en escondites), por sus diferentes calibres o por los defectos de vaciado, características todas ellas que recuerdan las de la moneda. Por otra parte, los tamaños variados sugerían una unidad monetaria, con sus múltiplos y submúltiplos; la falta de cuidado en la fabricación y el pequeño tamaño de algunas hachas sugerían a su vez el hecho de que estos objetos no estaban hechos a fin de ser utilizados para lo que sus formas parecían indicar; su gran número y su almacenamiento oculto van en el sentido de la misma interpretación. Conviene añadir que, como monedas, se encuentran dispersas a través de toda Europa; hay que decir también que las ligeras diferencias en la decoración hacen pensar en diferentes talleres, que marcarían su producción (se han identificado siete en Bretaña y en Normandía «armoricana»).

Por último, las determinaciones de su composición han terminado de confirmar esta lectura. Desde hace mucho tiempo, la variabilidad de la composición y la del color de las hachas habían llamado la atención (al menos la mía); las más antiguas eran bonitas, duras y verdes; las siguientes (cronológicamente) seguían siendo duras, pero eran un poco más grises, y las más recientes, completamente grises, sin brillo, sin uniformidad, como fundidas parcialmente (se parecían a las cucharas de Salvador Dalí). En efecto, la cuantificación con el espectrógrafo de masas de los elementos (cobre, estaño, plomo) que entran en su composición mostró que, con los años, el plomo había aumentado en detrimento del bronce (aleación cobre-estaño) hasta el punto de representar al final casi la totalidad del objeto (de plomo «bronceado» para conservar la apariencia de antaño...); asistimos ni más ni menos que a una devaluación, ¡un milenio antes de Cristo!

Finalmente, quería dar algunas noticias sobre Siberia. La operación *Mammuthus,* que se propone buscar la razón de la extinción de los mamuts lanudos, continuó sus trabajos en la península de Taimir y llevó a cabo tres programas después de la extracción, la famosa elevación con helicóptero y la instalación en una cueva excavada en el permafrost, del mamut Jarkov: 1.º Preparación y estudio del mamut Jarkov y de su continente sedimentario; 2.º Extracción de un segundo mamut congelado; 3.º Prospección. La prospección, los veranos de 2000 y 2001, fue extremadamente fructuosa, puesto que nos proporcionó 332 restos de mamut, 26 de caballo, 72 de buey almizclero, 19 de bisonte y algunos restos de reno, alce, oso, lobo y zorro datados de 4000 años (un alce) a más de 45.000 años (un mamut). El sedimento de Jarkov ya ha proporcionado pólenes, algas, esporas, frutos, semillas, flores y algunos insectos, cuyo conjunto sugiere un clima seco y fresco del tipo de la estepa y un terreno arenoso con algunas marismas diseminadas; una toma de muestra en el marfil de las defensas de Jarkov presentó el relato de sus cuatro últimos años pasados en entornos poco nevados y de sus migraciones temporales hacia latitudes más bajas en paisajes más cubiertos. Se pudieron recoger y descodificar fragmentos de ADN mitocondrial. El segundo mamut, llamado Fishhook porque un ruso de Khatanga lo descubrió mientras pescaba, se encontraba en los alrededores del estuario del río Taimir (74º de latitud norte, 99º 38' de longitud este). Estaba muy estropeado, pero lo que quedaba constituía un bloque de una tonelada, que pudo cortarse, transportarse (esta vez en camión) y colocarse, al lado de Jarkov, en la cueva de Khatanga. Los primeros exámenes de este bloque mostraron que contenía una parte del intestino del animal, que ya ha proporcionado una lista impresionante de restos vegetales, entre ellos de sauce, abedul, aliso y alerce. Dado que este segundo mamut congelado tiene la edad geológica de Jarkov (veinte mil años), este nuevo hallazgo completa la reconstitución de los alrededores de este territorio en la época de Lascaux; se trata esta vez de una pradera en el borde de un bosque muy abierto de árboles de pequeño tamaño.

Anexos

Seminarios

Estos 21 años de lecciones se completaron con 192 seminarios, 68 conferencias y seis coloquios (que totalizan, por sí solos, un centenar de comunicaciones). Evidentemente, sería muy pesado enumerar estos 300 o 400 títulos.

Nos contentaremos con dar aquí una lista de temas de los seminarios clasificados por disciplinas, la introducción que hice en cada uno y la lista de los títulos de los coloquios.

PALEOANTROPOLOGÍA

1985-1986. Algunos problemas de artrología, angiología y esplacnología de los homínidos fósiles

Los seminarios de este año fueron lecciones de anatomía destinadas a mostrar, aislándolas, la evolución de una articulación, la de un aparato o la de un sistema y la manera de utilizar cada una de estas evoluciones en el establecimiento de la taxinomía y la filogenia de los homínidos.

1986-1987. Algunos pitecántropos, sinántropos, atlántropos, arcántropos, anteneandertales y sus culturas

La extraordinaria multiplicidad de las denominaciones de los hombres fósiles (aquí solamente los hombres intermedios), que el título no hace más que sugerir, demuestra, por supuesto, la imaginación de los paleoantropólogos, pero también a la vez su vanidad y su confusión. Todas estas formas —*Anthropopithecus, Pithecanthropus, Proanthropus, Pseudohomo, Paleoanthropus, Protanthropus, Sinanthropus, Cyphanthropus, Praehomo, Javanthropus, Anthropus, Maueranthropus, Meganthropus, Telanthropus, Europanthropus, Atlanthropus, Euranthropus, Hemianthropus, Hemanthropus, Tchadanthropus* y *Homo,* por citar sólo los géneros— se agruparon con el nombre de *Homo erectus* (Dubois, 1892) porque era más cómodo manejarlos así, pero también porque estas formas correspondían, al menos en su conjunto, por no decir en sus límites, a un mismo estadio morfológico (un grado). Pero, en los confines de la falsa especie, no se puede decir si el cráneo 1470[45] del este del lago Turkana, en Kenia, de dos millones de años, es todavía un *Homo habilis* o ya es un *Homo erectus,* o si los cráneos de Ngandong, en Java, de cien mil años, son todavía *Homo erectus* o ya son *Homo sapiens*. Por otra parte, sin duda nunca se podrá decir; dado que la evolución del hombre es continua, esta cuestión no tiene sentido.

1988-1989. El origen del hombre moderno: mitos o mitocondrias

En un seminario introductorio repasé, a grandes rasgos, las principales páginas de la crónica de la humanidad, tal como nos la cuenta la paleoantropología; como homínidos que todavía no son hombres, sólo conocemos a los australopitecos;[46] por otra parte, sólo conocemos a los australopitecos en África del este y del sur, y los más antiguos (siete millones de años) están todos en África del este; por lo tanto, la cuna de la familia de los homínidos se sitúa en África del este. Además, los hombres más antiguos que conocemos también están en África del este (tres millones de años); así pues, colocamos igualmente la cuna de la humanidad en África del este. En cambio, a partir de 2,5 millones de años, empezamos a encontrar herramientas o restos humanos en el resto de África, Próximo Oriente, Europa y, mucho más tarde, en América y Oceanía.

Las características anatómicas de todos los restos esqueléticos encontrados nos permiten afirmar que el poblamiento parece haberse producido a partir de África del este, hacia el norte y, al mismo tiempo, a partir de Próximo Oriente, hacia el oeste de manera geográficamente limitada y hacia el este de manera mucho más abierta, y haber continuado, mucho más tarde, todavía más al este. Por otra parte, estos mismos restos nos enseñan, debido a las asociaciones regionales típicas de caracteres, que, aunque existieron otras oleadas de poblamientos después de esta oleada primordial —el impulso *sapiens sapiens,* por ejemplo—, este primer poblamiento ha dejado marcas de su epopeya hasta la actual humanidad. En todas las grandes provincias del mundo, los poblamientos son continuos.

Considerar, a partir del ADN mitocondrial, una Eva negra de doscientos mil años, que cubre el mundo entero a partir de su unión en África oriental con un Adán del mismo origen no es una hipótesis descabellada; el curso demostrará que está bien fundada. En cambio, considerar esta nueva capa sin tener en cuenta en absoluto la genética de más de dos millones de años de poblamientos anteriores sí lo es.

1989-1990. Lucy en pedazos

Los seminarios se dedicaron a pasar revista a los trabajos más recientes referentes a estos prehumanos, a partir del estudio del famoso esqueleto del australopiteco AL 288, descubierto en 1974 en el Afar etiópico.

Así pues, inicié el seminario de 1989-1990 con un repaso histórico, a fin de situar mejor el descubrimiento de Lucy y su interpretación en la corriente de pensamiento paleoantropológico. Para ello, compartimenté la historia de las investigaciones en África oriental en tres segmentos, por otra parte muy desiguales. Al primero, lo llamé «Los años pioneros» y va desde principios del siglo XX hasta 1960; el segundo, de 1960 a 1980, concierne al famoso periodo de los grandes descubrimientos, que, por supuesto, califiqué de «años locos», y el tercero, de finales de los gloriosos años ochenta hasta hoy, recibió el nombre de «años herederos». Dado que «entré en prehistoria» durante el final de los primeros años, tuve la suerte de conocer a la mayoría de héroes, de vivir e incluso de participar en la fabricación de los segundos y por supuesto de crear a los terceros. La introducción de este seminario terminó con unas consideraciones sobre el extraordinario «fenómeno Lucy»; en efecto, este pequeño personaje, porque es a la vez ancestral, muy antiguo, grácil, femenino y lleva un nombre, cobró vida; una vida de forma sin duda muy diferente de la que conoció su primera existencia. Lucy, símbolo, hace soñar, inspira poemas, novelas, películas, incita a reconstituciones o se convierte en tema de controversias y celos anormalmente intensos; ¡Lucy se ha convertido un poco en el alma de la historia del hombre, cuya enseñanza ha facilitado considerablemente!

1991-1992. Anatomía funcional y comportamiento

Justifiqué el título de este seminario a través de dos ejemplos que se refieren al estudio del pequeño prehumano de tres millones de años que los colegas y yo mismo recogimos en 1974 en el Afar etiópico y que recibió el nombre de Lucy. El primer ejemplo se ocupó de la pelvis, de la rodilla y del centro de gravedad, y nos condujo hasta su curiosa locomoción (bípeda y arborícola), el segundo se centró en los dientes, la articulación temporomandibular y la estructura de la cara, y nos llevó hasta su alimentación de amplio espectro (verdura, fruta, hojas tiernas y animales pequeños); locomoción y alimentación se unieron después para dibujar su entorno, una sabana con grandes conjuntos de árboles.

1994-1995. La West Side Story[47]

Planteé el primer seminario para presentar a la vez el tema (y en este caso explicar su título) y a los invitados.

Parece claro que el género *Homo* inició su despliegue a través del mundo a partir de una cuna tropical y africana. Este flujo de poblamiento se habría realizado después en el sentido África, Eurasia, América y Oceanía. Una vez llegado al extremo occidental de Eurasia, se habría dejado encerrar como en una isla por la extensión cíclica de las masas glaciares. Igual que en cualquier zona aislada, este género sufrió, evidentemente, una deriva genética en Europa. Es lo que se ha llamado, sin comprenderla, neandertalización y que yo llamo aquí la *West Side Story*. Este fenómeno, actualmente cada vez mejor conocido, se traduce por el establecimiento progresivo y estadístico de caracteres apomorfos (cráneo abombado, cara en extensión, presencia de una fosa suprainiaca, posición en la prolongación del arco cigomático del orificio auditivo, presencia de un espacio retromolar).

El hombre moderno, llamado, por razones históricas, Cro-Magnon en Europa, llega más de dos millones de años después del primer poblamiento de África, a través de próximo Oriente, detiene la *West Side Story* y al final prevalece sobre el hombre de Neandertal encontrado.

Observemos que este impulso de *Homo sapiens sapiens* parece haberse realizado, como una explosión, en todos los sentidos a la vez (América, Oceanía y Europa), por razones muy probablemente climáticas favorables y «apremiantes», hace alrededor de cincuenta mil años.

2002-2003. Orrorin, Otavipithecus, Ouranopithecus, Samburupithecus, Sahelanthropus... Los alrededores de la ramificación

El tema del seminario —los prehumanos (o supuestamente tales) «nuevos», o las novedades sobre los prehumanos (o supuestamente tales) «antiguos» y sus defensores— evidentemente me fue inspirado por los numerosos descubrimientos recientes de homínidos muy antiguos, y su título por el de la consulta de los pediatras que se ocupaban de mi hijo y que tenía el hermoso nombre de «En los alrededores del nacimiento».

2004-2005. Lo que sabemos y lo que no sabemos

Abrí el seminario con una exposición sobre lo que era seguro que no sabíamos: cuál era el prehumano, quién había generado al hombre, quién había tallado la primera piedra, qué especie del género *Homo* se había desplegado a través del Viejo Mundo y, como consecuencia, en qué época lo había hecho, y cuál era el origen del hombre moderno, por no hablar más que de los cuatro «puntos» principales.

PREHISTORIA

1983-1984. Las herramientas talladas más antiguas del mundo

Los diez seminarios se proponían estudiar los poblamientos más antiguos de los cinco continentes para mostrar las importantes diferencias (tres a cuatro millones de años en África, la edad del hombre, dos millones de años en Eurasia, 50.000 a 100.000 años en América, 40.000 años en Australia y apenas un poco más de un milenio en Hawai, Nueva Zelanda o Madagascar) y, al mismo tiempo, las importantes diferencias metodológicas de investigación y estudio de estos poblamientos, más cercanas a la geología en los primeros casos y a la etnohistoria en los últimos.

Al inicio, hablé sobre los problemas de definición del hombre (definición que no puede, en ningún caso en el origen, tener en cuenta las herramientas) y de definición de las herramientas o los artefactos y, después, de las cuestiones de límites de percepción (a partir de qué momento, cualitativa y cuantitativamente, se puede hablar de herramientas) y de conservación de las herramientas (las de hueso, madera e incluso piedra pueden haberse destruido); a continuación, presenté las herramientas de antes del hombre, las piedras utilizadas por el keniapiteco, las industrias de hueso o de piedra del australopiteco y las herramientas accesorias del hombre, los palos, ramas trabajadas, hojas, hojas masticadas y piedras percutidas de los chimpancés. Después de haber hecho un rápido repaso de las principales herramientas antiguas de los cinco continentes, acabé describiendo los restos de homínidos que se les asociaban, a fin de estudiar quién hacía qué, e intenté demostrar que, con frecuencia, existía un desfase entre lo biológico y lo cultural, con ventaja para lo primero.

1987-1988. La lasca y la hoja

Llamé, de manera incorrecta, al seminario de este año «La lasca y la hoja», un poco, lo confieso, por la belleza de las palabras, porque es bien sabido que la hoja, en el fondo, no es más que un tipo particular de lasca. Aunque es cierto que el hombre fósil pasó cronológicamente del paleolítico medio, que tenía como herramientas principales las lascas, al paleolítico superior, que aprendió a fabricar hojas, y aunque este paso representó un avance tecnológico considerable, puesto que, para un kilogramo de sílex, según cálculos de André Leroi-Gourhan, el musteriense realizaba dos metros de filo útil mientras que el magdaleniense, con el mismo kilo de sílex, conseguía 20 metros, esta oposición se ha exagerado durante mucho tiempo para acentuar artificialmente el contraste entre el hombre de Neandertal, bárbaro —que trabajaba la lasca—, y el hombre de Cro-Magnon, refinado y que trabajaba la hoja. En realidad, el lascado laminar del paleolítico superior sigue al complejo musteriense sin ruptura (François Bordes). Por otra parte, si bien *Homo sapiens neandertalensis*[14] es claramente el responsable del musteriense en Europa, *Homo sapiens sapiens* lo es de un musteriense totalmente comparable en Israel (Qafzeh), igual que en Marruecos (Irhoud). Por último, para reforzar todavía más la demostración de la continuidad de la tecnología y reducir la de la discontinuidad de la biología, es divertido precisar, como vimos en el curso, que es claramente *Homo sapiens neandertalensis* el que, en Europa, realiza el paso del paleolítico medio (musteriense) al paleolítico superior (chatelperronense e incluso auriñacense). Por otra parte, es la primera vez en toda la historia de los homínidos que la evolución cultural se muestra más rápida que la evolución biológica, ¿podemos ver en ello, hace cien mil años, el signo de la inversión de las proporciones entre lo innato y lo adquirido?

Ese año, tres invitados nos hablaron del cuerpo y cinco de la mente.

2000-2001. Las artes primeras

Presenté el tema del seminario dedicado a las primeras formas de arte, que llamé «Las artes primeras» —puesto que son las únicas que merecen este título—, como un guiño al nombre dado originariamente por el presidente de la República al proyecto del nuevo museo, que en realidad se ocupa de las *artes de otros lugares*.

Algunos autores escriben que estas artes que se manifestaron de repente hace cuarenta mil años en diversos lugares del globo no vienen de ninguna parte. Evidentemente no es así. Desde la primera talla de la piedra o de otros materiales, existe un reconocimiento de la forma, plasmada en una función, adoptada, copiada, enseñada y reproducida. Y esta percepción no hará más que perfeccionarse, desde la primera realización de la simetría hace 1,7 millones de años y la invención predeterminada de la lasca de Levallois hace menos de trescientos mil años, hasta la recogida por aparente curiosidad de fósiles y minerales, y los inicios del adorno del cuerpo hace cien mil años. Se dice también que después nunca se hizo mejor. Esto tampoco es así, si se consideran los aspectos técnicos; basta con evocar, después de estas formas fabricadas y proyectadas, las formas captadas (foto), las formas captadas en movimiento (cine, vídeo), las formas digitalizadas, reconstituidas (virtuales), etcétera.

Es interesante rememorar también, a propósito de estas primeras artes, la «especificidad» de su eclosión; cada vez dependen de una población en un lugar y una época y no, de manera simplista, de una adquisición nueva hecha por toda la humanidad en una determinada edad de su crecimiento.

En Europa, las cuevas adornadas —según la terminología— son incontestablemente santuarios; sus figuras se asocian de manera organizada y presentan, como una escritura no lineal, mensajes evidentemente codificados. Es el arte sagrado (la capilla Sixtina también), pero también arte, simplemente.

Desde el punto de vista práctico, en estas cuevas se ha encontrado todo el equipo de los pintores o los grabadores, sílex para grabar, pinceles, lápices, tampones, tubos, paletas y colorantes, lámparas, cuerpos grasos y mechas, andamios y cuerdas, e incluso relieves de sándwiches.

1984-1985. El medio ambiente de los homínidos antes del hombre

Los nueve seminarios estaban destinados a mostrar la extrema importancia del estudio del medio en la comprensión del desarrollo de la historia de los seres vivos y, en este caso, en el de la evolución de los homínidos; precisamente es lo que diferencia el contenido del término «paleoantropología» del de «paleontología humana». Desde hace varias decenas de años, me esfuerzo, en el CNRS, en el Museo y ahora en esta Casa, por incluir en los laboratorios y los equipos de antropólogos a especialistas en el medio ambiente del hombre. Un fósil de homínido ya no debe estudiarse en su valor absoluto, sino en su contexto natural y cultural. Por eso, es muy importante que los paleoantropólogos, al igual que sus colegas geólogos o paleontólogos, acudan al terreno y dejen de ser científicos de despacho. Podríamos llamar «medioambientalista» al estilo de las grandes expediciones de África oriental y a los trabajos que surgieron de allí.

En el primer seminario intenté, mediante ejemplos, poner en evidencia las relaciones que existían entre la evolución del medio y la evolución de los homínidos, así como el interés consecutivo del conocimiento de estas relaciones para comprender mejor nuestra evolución. Aproveché la ocasión de presentar el programa de los seminarios del año para hacer, en cierta manera, el inventario de los principales métodos de reconstitución del medio, desde el análisis de las muestras de los fondos oceánicos hasta la interpretación climática de los biosistemas fósiles.

1990-1991. El medioambientalismo: métodos y aplicaciones

Abrí el seminario presentando a los ocho conferenciantes invitados y los ocho métodos que practican y que justifican el título del tema elegido este año.

1993-1994. El medioambientalismo: nuevas lecturas

Este año quise ofrecer a mis oyentes un nuevo ciclo sobre lo que denominé con el largo término de «medioambientalismo», en otras palabras, sobre la lectura del medio y su papel, inductor o seleccionador (sin duda, a veces es una cosa, pero en cualquier caso siempre es la otra) en la evolución de los seres vivos y, especialmente, por supuesto, en la evolución humana. Para que los puntos de vista procedieran esta vez de otras experiencias diferentes de la mía (en efecto, mis cursos 1990-1991 y 1991-1992 ya se habían centrado en este tema), recurrí a ocho conferenciantes, colegas y colaboradores, que habían abordado este problema en sus trabajos recientes. Los elegí de tal manera que el seminario pudiera barrer el conjunto del mundo vivo, de las plantas y los animales a los hombres y sus culturas.

1999-2000. La región de Lucy

Pensé en hablar del marco de vida de Lucy, porque muchos asistentes me pedían que describiera una jornada de este famoso personaje y, para ello, necesitaba situarlo antes de hacerlo evolucionar.

Las coordenadas del yacimiento de Hadar, en la provincia de Wollo, Etiopía, son 11° 10' Norte y 40° 35' Este. El esqueleto de Lucy se recogió en un nivel de 3,18 millones de años, en una secuencia que iba de 3,4 a alrededor de 2,9 millones de años. El nivel en cuestión, llamado Kada Hadaar, reveló un paisaje de sabana seca de gramíneas donde pastaban numerosos antílopes de territorio descubierto. La época de Lucy era la época del *rifting* activo (el roedor *Tachyoryctes* que se encontraba allí vive actualmente a 1500 metros de altitud, cuando nosotros lo recogimos a 400 metros); dicho esto, contrariamente a las creencias ingenuas habituales, tanto los prehumanos como los humanos por supuesto no se pasaban el tiempo, muertos de miedo, esperando seísmos o erupciones.

Como ya he tenido ocasión de decir, pienso que fue hace unos cuatro millones de años cuando se separó, a partir de un ancestro común, *Australopithecus afarensis* (Lucy), especie bilocomotriz, que caminaba sobre las dos patas posteriores y también trepaba, de *Australopithecus anamensis,* bípedo exclusivo. La primera de estas dos especies probablemente fue el origen del australopiteco robusto esteafricano, la segunda, del hombre. En efecto, Lucy, casi contemporánea del género *Homo* y todavía muy conservadora en sus comportamientos locomotrices, no podía responder a las características exigidas para merecer ser el ancestro de este género.

Pienso que fue también hace unos cuatro millones de años cuando los prehumanos realizaron su primer despliegue (hacia el sur, hasta Transvaal, hacia el oeste, al menos hasta Chad), simplemente siguiendo el de su nicho ecológico.

2003-2004. Lectura del medio ambiente: la fauna

Dediqué este seminario a la lectura del medio ambiente a través del análisis de la fauna. Y elegí, para la inauguración, además de la explicación del interés del tema, la demostración de este interés mediante el estudio de tres periodos, tres millones de años, diez mil años y el año 2004 de nuestra era.

Mis investigaciones, de diez años de duración, en el valle bajo del Omo, en Etiopía, me permitieron poner en evidencia lo que llamé el *(H)Omo Event* o el Acontecimiento del *(H)Omo,* en otras palabras, la demostración del papel esencial del medio ambiente en la emergencia del género humano; el género *Homo,* que no es ni más ni menos que una adaptación de un homínido a la sequía, no habría tenido ninguna razón para aparecer si no se hubiera producido esta crisis climática. En efecto, entre tres y dos millones de años, se observa la transformación de la anatomía de los proboscidios, los équidos, los suidos y los rinoceróntidos para enfrentarse a la disminución de la humedad y al cambio de alimentación vegetal, se observa la inversión de la frecuencia de rinocerontes negros del bosque y blancos de la pradera en provecho de los rinocerontes pastadores, la inversión de la frecuencia de antílopes de sabana arbolada y de antílopes de la estepa y del desierto de la misma manera y en el mismo sentido, la disminución del número de monos, cercopitecos y colobos, y el cambio de los ecosistemas de micromamíferos; y, por las mismas razones, la adaptación del cuerpo de dos linajes de prehumanos (al menos) para convertirse o bien en homínidos de disuasión física, con un equipo dentario para el consumo de vegetales coriáceos pero un encéfalo pequeño *(Zinjanthropus* en África del este, *Paranthropus* en África del sur), o bien homínidos de disuasión intelectual, con un equipo dentario para comer de todo, pero cuerpo pequeño *(Homo)*.

Hace diez mil años termina la última glaciación; en muchos lugares, el clima se calienta y las gramíneas salvajes crecen mejor; el hombre, cargado con una experiencia de tres millones de años de conciencia, se detiene para recolectarlas mejor y después las siembra para cosecharlas mejor. En lugar de reaccionar con su cuerpo, esta vez adapta la cultura e inventa una economía de producción que todavía es la nuestra en la actualidad.

Desde el siglo XIX, la demografía y la tecnología crecientes hacen que el hombre sobreactúe sobre su medio, con el riesgo de generar situaciones irreversibles. Por esta razón, nosotros, diecisiete personas y yo mismo, a petición del presidente de la República, redactamos, en 2002-2003, una carta del medio ambiente destinada a protegernos protegiéndolo.

1996-1997. En el interior de los huesos, en el interior de los dientes

Una disciplina pasa, como todo organismo, por un periodo que podríamos calificar de infancia, antes de alcanzar cierta madurez; la paleontología de los vertebrados, o (una de sus partes) la paleoantropología, dado que sólo debe ocuparse de huesos y dientes, se interesó de manera natural en primer lugar por el exterior macroscópico de estos objetos, forma, modelado, orientación, dimensiones, proporciones, función; actualmente, después de dos siglos de existencia, nuestro arte ha madurado, se ha apoderado de la microscopía, los rayos X, los ultrasonidos, la química, etcétera, y ha penetrado en su objeto de estudio; los resultados son excelentes, como lo sigue siendo la ciencia.

1997-1998. La paleoantropología del esqueleto de los homínidos

El seminario se dedicó a la memoria de Jean Dastugue, médico ortopeda y paleontólogo eminente, fallecido en Caen el año anterior.

«La enfermedad es lo que afecta y causa un daño», dicen Jean Dastugue y Véronique Gervais; la paleopatología es la ciencia de las enfermedades de los seres pasados y exige «un diagnóstico médico retrospectivo», dice Pierre-Léon Thillaud.

Para un paleoantropólogo, sólo se trata, pues —dejando aparte la conservación excepcional de cálculos o fibromas calcificados—, del estudio de las enfermedades con manifestaciones en los huesos o en los dientes mediante transformaciones o lesiones constructivas o destructivas.

Por tanto, a modo de introducción del seminario, dividí estas enfermedades en seis categorías, las enfermedades infecciosas, los tumores, las enfermedades congénitas, las enfermedades degenerativas, los traumatismos y las enfermedades dentales, y terminé con unas palabras de paleoterapéutica.

La tuberculosis ósea, la lepra, la sífilis o las afecciones por treponemas se manifiestan a veces en los huesos, pero también se pueden citar casos de osteítis, osteomielitis, meningitis y muchos signos de abscesos, supuraciones y fistulizaciones cuyas causas se desconocen.

Las neoplasias o tumores, cuando son osificantes, evidentemente resultan fáciles de observar macroscópicamente y a veces también microscópicamente, pero su naturaleza a menudo es incierta.

Las enfermedades congénitas no son, como se puede imaginar, fáciles de identificar, excepto cuando afectan a una serie esquelética suficiente, portadora de los signos óseos de una enfermedad particular.

En cambio, las enfermedades endocrinas o degenerativas, en otras palabras, las afecciones crónicas osteoarticulares o reumatismos, están muy representadas cuando afectan al esqueleto axial, pero muy poco ilustradas cuando afectan al esqueleto apendicular. Es posible que la razón sea la baja esperanza de vida de estos hombres prehistóricos, que simplemente no llegaban a la edad de la artrosis. Por el contrario, las lesiones típicas de espondilosis son legión. En el enderezamiento del cuerpo, se generó tensión de los ligamentos y contracción de los músculos de la nuca, presión sobre las vértebras y los discos, nueva distribución de las cargas y, por consiguiente, aplanamiento de los cuerpos vertebrales, estrechamiento de los canales de conjunción, salida de la cabeza del fémur del acetábulo, cervicoartrosis, coxartrosis, etcétera.

Los traumatismos, por otra parte fuente frecuente de artropatías, son múltiples y a veces espectaculares, crecimientos óseos, remodelación de las superficies articulares y pulido de ciertos segmentos. Las trepanaciones, totales o incompletas, y las deformaciones artificiales de ciertas partes del esqueleto (cráneo, pies) también forman parte, evidentemente, de este capítulo sobre los traumatismos, como por otra parte los sorprendentes casos de objetos extraños (armazones de flechas) clavados en la materia ósea.

No olvidemos tampoco que las enfermedades dentales ofrecen otro campo inmenso de investigaciones.

La historia de la medicina y de la odontología empieza temprano con movilizaciones autoritarias de articulaciones o, por el contrario, inmovilizaciones, con amputaciones y trepanaciones —o al menos algunas de ellas—, pero también con pruebas de asistencia a ciertos heridos y ciertos discapacitados. Como anécdota, finalmente, citaré el divertido ejemplo del primer (?) aparato dentario, de 2800 años de antigüedad; tres incisivos perdidos fueron sustituidos por un incisivo de vaca dividido en tres mediante dos hendiduras de sierra, el conjunto se rodeó de oro y se fijó con este mismo hilo a los dientes vecinos a derecha e izquierda.

1998-1999. La icnología

La icnología (del griego *ichnos,* «huella de paso»), *prehistoria del movimiento* o «teatro extinguido» (Pierre Moinot), es la ciencia de las huellas y las señales; las primeras, descritas a principios del siglo XIX, recibieron el nombre de icnitos, icnofósiles o bioglifos; hacia 1828, su estudio se institucionaliza y la icnología empieza a revelar las innumerables facetas de las informaciones que encierra: morfología de las partes blandas, peso y distribución del peso, zancada para la locomoción, marcha o carrera y velocidad de desplazamiento, rugosidad de la piel y aspecto de la cola de los dinosaurios, por ejemplo, efectivos en hábitats (de los hombres) o en movimiento (de ciertos animales), etcétera. En esta introducción, puse algunos ejemplos elegidos por su originalidad y su variedad: la huella de pie de contornos velados de la cueva Fontanet (primer calzado) y las huellas de lecho de hierba cerca del fuego; las cincuenta huellas de jóvenes de Tuc d'Audubert en cinco o seis filas regulares; los esbozos de pinturas al pie de las paredes adornadas de la cueva de Niaux, a menos que se trate de un único y mismo fresco tanto en la pared como en el suelo, etcétera.

2001-2002. Prehistoria y nuevas tecnologías

Los avances de la electrónica y de sus diversas aplicaciones son fulgurantes y, evidentemente, la paleoantropología y la prehistoria se han beneficiado de sus consecuencias. Escanografías, ecografías, ascensos y reconstituciones son ahora una práctica corriente en estas disciplinas, que han abierto mil caminos nuevos y han hecho avanzar mil caminos antiguos a gran velocidad desde hace solamente unas décadas. Hace media docena de años escasos, realicé, con Pascal Picq, un CD-Rom sobre la evolución del hombre; era el primero sobre este tema y me sentí especialmente seducido por la estructura en red de esta realización. También tuve que presidir un jurado internacional de diagnóstico por la imagen virtual en arqueología y me sentí impresionado por la calidad de las creaciones y por la importancia de la aportación de este enfoque virtual a la comprensión de los elementos reales de que disponíamos hasta entonces. Así pues, doy la bienvenida a la magia de todas estas técnicas nuevas y les agradezco que hayan querido aliarse a nuestras problemáticas para ayudarnos, a menudo de forma brillante, a resolverlas.

HISTORIA

1995-1996. Grandes nombres y grandes momentos de la historia de nuestras ciencias

La idea del seminario se me ocurrió ante la consulta de la

revista *Archeologia* a propósito de un proyecto de dosier sobre Pierre Teilhard de Chardin presentado por Anne Dambricourt-Malassé; para responder, pensé que una solución elegante podía ser contactar con el investigador y proponerle que viniera a explicarse a la tribuna del Collège, lo cual yo hice y él aceptó de inmediato.

Inauguré el seminario, como de costumbre, presentando a mis invitados y sus temas, y proponiendo una reflexión sobre lo que se está de acuerdo en llamar mis maestros, sobre todo en ciertos medios; dado que creo que he tenido muchos, desde la facultad hasta el terreno, tuve que elegir y seleccioné dos, Camille Arambourg y Louis Leakey, porque tenían la particularidad de haberme aportado, al mismo tiempo y durante una quincena de años, dos comprensiones, culturalmente muy diferentes, de la misma realidad.

Los dos eran hombres de terreno, los dos apasionados y expresivos, pero Camille Arambourg más tranquilo y prudente, y Louis Leakey más agitado y provocador. Camille Arambourg cubrió, a lo largo de su vida profesional, el conjunto de los campos de la paleontología de los vertebrados, desde los peces del mioceno y los reptiles del cretáceo hasta los mamíferos del plioceno y del pleistoceno, entre ellos los australopitecos esteafricanos (conmigo), los *Homo erectus* y los *Homo sapiens* fósiles norteafricanos. Estaba muy convencido del papel del medio en la historia de la vida —«a los grandes paroxismos geodinámicos... corresponden bruscos desequilibrios biológicos, seguidos de reajustes», escribía, por ejemplo— e insistía también en el hecho de que no había dos zoologías ni dos biologías, sino una sola ciencia de los seres vivos. Louis Leakey practicó, como su colega francés, la paleontología de los vertebrados en su conjunto, pero lo esencial de sus investigaciones y de su producción se centró en los primates, los homínidos y la prehistoria. Fue el descubridor de *Homo habilis,* de *Zinjanthropus boisei* y de *Kenyapithecus africanus* y *wickeri,* entre otros fósiles nuevos, y era partidario de una autonomía muy antigua de nuestra familia, que remontaba hasta la veintena de millones de años. Era una auténtica «locomotora», dotado de un poderoso carisma, y se puede decir que fue el origen del extraordinario desarrollo de la investigación paleontológica y prehistórica en África oriental durante casi cuarenta años.

Coloquios

Los coloquios tuvieron como temas, en mayo de 1995, «Arqueología e inferencia demográfica», con la autoridad de Jean-Pierre Bocquet-Appel; en octubre de 1995, «¿La cultura es natural?», propuesto por Albert y Jacqueline Ducros, Frédéric Joulian y Michel Panoff; en mayo de 1996, «La estructura y el desarrollo del esmalte dentario y su aplicación a la comprensión de la evolución y la taxinomía de los homínidos», con la dirección de Fernando Ramírez Rozzi y yo mismo; en junio de 1996, «Definición de estándares de crecimiento, metodología estadística y normas biológicas», por iniciativa y bajo la autoridad de Anne-Marie Guihard-Costa y de Jeanne-Claudie Larroche; en junio de 1997, «Las raíces de Europa: 400.000 años de arte contemporáneo», con la batuta de Emmanuel Anati, y en diciembre de 1998, «Orígenes del hombre, realidad, mito y moda», a mi cargo.

Apéndices

Glosario

ADN: (DNA) molécula portadora de la información genética (existe un ADN nuclear en los cromosomas de los núcleos de las células y un ADN mitocondrial en los cromosomas de las mitocondrias de las mismas células).

AMELOBLASTOS: células secretoras del esmalte.

AMMONITES: moluscos cefalópodos fósiles de concha externa con probables afinidades con los nautilos.

ANAGÉNESIS: transformación continua de las especies, sin división de linajes.

ANÉLIDOS: lombrices.

ANGIOLOGÍA: estudio de los vasos sanguíneos.

APOMORFIA: estado derivado (nuevo) de un carácter; las apomorfias compartidas se llaman sinapomorfias.

ARTROLOGÍA: estudio de las articulaciones.

BELEMNITES: moluscos cefalópodos fósiles, cercanos a las sepias y representados en general por su rostro calcáreo.

BIFAZ: herramienta de piedra, tallada a partir de un bloque o de una lasca y trabajada por las dos caras mediante golpes que desprenden una punta y aristas laterales.

BRAQUIÓPODOS: animales marinos, emparentados con los briozoos y las lombrices, de concha bivalva que se fosiliza.

BRIOZOOS: animales acuáticos que viven en colonias, en celdillas que se fosilizan.

BURIL: herramienta de piedra cuya parte activa es un filo o bisel estrecho obtenido por retoques (se desprende con una sola percusión una especie de hojilla —recorte de buril— a partir de la superficie preparada).

C14: isótopo del carbono y, por extensión, método de datación absoluta basado en la desintegración de este isótopo.

CAIRN/CARN (palabra gaélica): túmulo constituido por piedras que recubre generalmente una construcción megalítica (sepultura).

CARÓFITOS: algas de agua dulce y de agua salobre.

CEPILLO: herramienta de piedra que presenta una cara plana, a partir de la cual la eliminación de una serie de lascas contiguas, abruptas, permite obtener un frente vertical.

CHOPPER/CHOPPING TOOL: herramienta de piedra trabajada en un canto rodado o en un bloque cuya talla por una cara *(chopper)* o por dos *(chopping tool)* da lugar a un filo parcial.

CÍPRIDOS: moluscos gasterópodos cuya concha de espira recubre totalmente al animal con su última vuelta (ejemplos actuales, las margaritas y los cuaríes).

CLADOGÉNESIS: separación de dos linajes de seres vivos emparentados (grupos hermanos) a partir de un grupo del que proceden estos linajes (ancestro común).

CRIOTURBACIÓN: desplazamiento en una capa geológica de fragmentos de piedras y, a veces, de restos arqueológicos, debido a la sucesión de heladas y deshielos.

CUCHILLO: herramienta de piedra sobre lasca u hoja uno de cuyos filos es bruto o poco retocado.

DENTICULADO: herramienta de piedra cuyo filo o filos se han trabajado mediante una serie de muescas adyacentes.

DEUTERIO: isótopo estable del hidrógeno.

DIASTEMA: espacio entre dos dientes.

DIATOMEAS: algas unicelulares microscópicas cuyo caparazón silíceo externo (ornamentado, lo cual permite reconocer las especies y, por lo tanto, los medios que frecuentan) se conserva y participa en la constitución, por acumulación en los medios acuáticos, de las formaciones rocosas o diatomitas.

DINOSAURIOS: reptiles fósiles, esencialmente continentales, de miembros en columnas y de tamaños diversos, entre los que se encuentran los animales terrestres más gigantescos de todos los tiempos.

DOLERITA: roca básica que, cuando es alterada, se llama diabase o dolerita epimetamórfica o metadolerita y puede convertirse en anfibolito por el efecto del metamorfismo.

ENDOSCOPIA: exploración visual de una cavidad por medio de un tubo óptico provisto de un sistema de iluminación llamado endoscopio, de origen médico.

EPIPALEOLÍTICO: más o menos sinónimo y contemporáneo de mesolítico, pero el mesolítico es un periodo que supuestamente se distingue del paleolítico que le precede y del neolítico que le sigue; en cambio, el epipaleolítico expresa una continuidad con el paleolítico, aunque se diferencia bien del neolítico.

ESPECTROGRAFÍA DE MASAS: técnica que utiliza los campos eléctrico o magnético para medir las masas atómicas o moleculares (detección de isótopos, por ejemplo). El aparato se llama espectrógrafo.

ESPLAGNOLOGÍA: estudio de las vísceras.

ESTRATIGRAFÍA: estudio de la sucesión de las capas de sedimentos y de sus condiciones de formación.

EUTERIOS O PLACENTARIOS: grupo de mamíferos cuyo desarrollo vivíparo se realiza por medio de una placenta.

FORAMINÍFEROS: animales unicelulares, esencialmente marinos, con el cuerpo protegido por una concha calcárea (un caparazón) que se fosiliza.

GNÁTICO: referente a los maxilares.

GONDWANA: véase Pangea.

GRAVIMETRÍA, MICROGRAVIMETRÍA: medida de la intensidad del campo de la gravedad.

HALLUX: primer radio del extremo del miembro inferior (posterior).

HISTOLOGÍA: estudio de los tejidos (animales o vegetales).

HOJA: herramienta de piedra caracterizada por el alargamiento y el paralelismo de los dos bordes; en función de la relación longitud/anchura, se habla de lasca laminar, hoja u hojilla.

HOJA DELGADA: muestra de piedra, hueso, diente, cerámica, etcétera, adelgazada para poder observarla al microscopio.

HORNBLENDITA, METAHORNBLENDITA: roca básica, de forma más precisa clorito-anfibolita transformada por varias fases de metamorfismo.

ICTIOSAURIOS: reptiles fósiles, marinos y carnívoros.

INOCERAMOS: moluscos lamelibranquios de gruesa concha ovoide.

INSECTÍVOROS: mamíferos placentarios plantígrados, de pequeño tamaño, con patas provistas de cinco dedos o garras (ejemplos actuales, topo, erizo, musaraña).

IRRADIACIÓN: diversificación de especies, géneros o familias a partir de una misma cepa ancestral (no debe confundirse con supresión, anulación o eliminación).

ISÓTOPOS: elementos naturales con la misma carga (número de protones) pero cuya masa atómica (número de neutrones) difiere; ejemplo, el carbono, que tiene tres isótopos, el carbono 12, el carbono 13 y el carbono 14.

LA TÈNE: yacimiento en las orillas del lago de Neuchâtel; nombre dado a una civilización o segunda edad del hierro en Europa (siglo V antes de nuestra era en la conquista romana); también se propuso el nombre de marniano para el mismo periodo.

LAURASIA: véase Pangea.

LEVALLOIS (lascado) (técnica de Levallois, lasca de Levallois): método que permite obtener lascas, hojas o puntas, de una superficie de lascado preferente.

MAGNETISMO: método que utiliza el campo magnético para medir la homogeneidad o no de un terreno.

MALAR: de la mejilla.

METABOLISMO: suma de las reacciones químicas que se desarrollan en la célula, como la descomposición de las moléculas alimentarias en elementos más simples, orgánicos y minerales, con almacenamiento de energía para la construcción de la célula.

METATERIOS O MARSUPIALES: grupo de mamíferos cuyo desarrollo, después de un inicio intrauterino, tiene lugar en una bolsa ventral, el marsupio.

MICROSCOPÍA: técnica de examen de objetos que consiste en aumentarlos o en aumentar la imagen; existen diversas microscopías, de rendimientos diversos y de usos diferentes: la microscopía óptica, la microscopía de contraste de fase, la microscopía electrónica de transmisión, la microscopía electrónica de barrido, la microscopía de efecto túnel.

MITOCONDRIA: organela existente en las células, con un ADN propio que procede únicamente del óvulo materno. Podría tratarse, en el origen, de auténticos organismos independientes que realizaron una simbiosis con otro organismo unicelular (teoría endosimbiótica de la evolución). El mismo fenómeno se observa en las células vegetales, en que los plastos desempeñan el papel de la mitocondria.

MUESCA: concavidad obtenida en el filo de una herramienta de piedra.

ORTOGNATIA: cara plana.

OSTRÁCODOS: pequeños crustáceos cuyo caparazón se fosiliza.

PALEOMAGNETISMO: método de datación relativa por la orientación de la polaridad magnética (que ha variado sin cesar a lo largo de los tiempos geológicos).

PALEOSUELO: suelo antiguo.

PALINOLOGÍA: estudio de los pólenes (partículas —masculinas— emitidas por las plantas con flores) y las esporas (partículas emitidas por los helechos, los musgos, los líquenes, los hongos, etcétera).

PANGEA: unión (en ciertas épocas de la historia de la Tierra) de los continentes en una sola masa. En otras épocas, la unión de los continentes septentrionales recibió el nombre de Laurasia y la de las masas continentales del hemisferio sur, Gondwana.

PARTO: conjunto de fenómenos que conducen a la expulsión del feto, sinónimo de alumbramiento.

PERCUTOR: herramienta de talla por percusión. El percutor duro es de piedra, el percutor blando, de madera, cuerno (cérvido), hueso o marfil.

PICO: herramienta de piedra que presenta una punta bien delimitada pero más gruesa y menos aguzada que la del perforador.

PLESIOMORFIA: estado ancestral (heredado) de un carácter; las plesiomorfias compartidas se llaman simplesiomorfias.

PLESIOSAURIOS: reptiles fósiles, marinos, muy grandes, con cuerpo plano y cola reducida, cuello muy largo y cabeza serpentiforme.

POLLEX: primer radio del extremo del miembro superior (anterior).

PROGNATIA: cara proyectada.

PROTOTERIOS O MONOTREMAS: mamíferos ovíparos (el ornitorrinco y el equidna son los representantes actuales).

PUNTA: herramienta de piedra, de hueso o de cuerno con dos filos, brutos o retocados, convergentes.

PUNTA DE TAYAC: herramienta de piedra, gruesa, con bordes convergentes.

QUIRÓPTEROS: mamíferos placentarios próximos de los insectívoros y adaptados al vuelo por alargamiento de las falanges de los cuatro últimos dedos, que soportan una membrana (ejemplo actual, el murciélago).

RACEMIZACIÓN DE LOS AMINOÁCIDOS: método de datación que mide la desviación de la luz polarizada por las moléculas orgánicas (los aminoácidos) que atraviesa; la racemización es la traducción de su degradación.

RADIOCRONOLOGÍA: conjunto de métodos de datación basados en la desintegración de átomos radiactivos (ejemplos: carbono 14, potasio/argón, argón/argón, uranio/torio, trazas de fisión, rubidio/estroncio, etcétera).

RAEDERA: herramienta de piedra, trabajada sobre lasca mediante retoques continuos, que determinan un filo más o menos agudo.

RASPADOR: herramienta de piedra cuya parte activa es un frente redondeado y cortante obtenido mediante retoques oblicuos.

RESONANCIA ELECTRÓNICA DE SPIN: método de datación que mide el magnetismo de los electrones atrapados en el cristal de minerales.

RIFTING: fenómeno tectónico que comporta la apertura de fallas *(rifts)* y sus consecuencias.

RIZOLITOS: estructuras que tienen su origen en las raíces de vegetales.

RUDISTAS: moluscos lamelibranquios con una valva fija. Viven en colonias y constituyen a veces rocas.

SÍSMICO: método que utiliza ondas sonoras para medir, por reflexión, la homogeneidad o no de un terreno.

TAFONOMÍA: interpretación de la disposición de los restos orgánicos en las capas geológicas en función de su historia después de su muerte; extensión de la acepción de este término al estudio de la disposición de las herramientas sobre un suelo de ocupación o de hábitat después de su abandono.

TAXINOMÍA: (llamada erróneamente taxonomía por los anglosajones) ciencia de la clasificación de los seres vivos y sus leyes.

TERMOLUMINISCENCIA: método de datación que mide la luz liberada por los electrones desplazados por una radiación (luz, calor), atrapados en el cristal de los minerales y liberados por un calentamiento controlado.

TETIS: nombre dado a un mar antiguo (que varió mucho), que se extendía entre el océano Índico y el océano Atlántico.

TOMOGRAFÍA: examen radiológico que permite visualizar estructuras anatómicas en forma de capas. Tomodensitometría, o escáner o tomografía asistida por ordenador: examen radiológico que utiliza el escáner de rayos X para visualizar capas de estructuras anatómicas en forma de imágenes digitales.

UNGULADOS: mamíferos placentarios con cascos, herbívoros u omnívoros, en general de gran tamaño, plantígrados, semiplantígrados (como los proboscidios) o digitígrados (como los perisodáctilos, los caballos y los rinocerontes, o los artiodáctilos, los hipopótamos, los cérvidos y los antílopes).

VARO: que se aparta del eje del cuerpo hacia el interior.

Bibliografía

Actes du congrès international, Toulouse, 1995, Antibes, Éditions APDCA, 1999.

Adovasio, J.-M., J.-D. Gunn, J. Donahue, R. Stuckenrath, J. Guilday y K. Lord, «Meadowcroft Rockshelter», en: «Early man in America from a Circum-Pacific perspective», A. Lyle Bryan (ed.), *Occasional Papers,* n.º 1, Departamento de Antropología, University of Alberta, 1978, págs. 140-180.

Akazawa, T. y S. Muhesen (eds.), *Neanderthal Burials: Excavations of the Dederiyeh Cave, Afrin, Syria,* Auckland, K.-W. Publications, 2003.

Alemseged, Z., F. Spoor, W.H. Kimbel, R. Bobe, D. Geraads, D. Reed y J.G. Wynn, «A juvenile early hominin skeleton from Dikika, Ethiopia», *Nature,* 443, 2006, págs. 296-301.

Anati, E., *Aux origines de l'art,* París, Fayard, 2003.

Arambourg, C., «L'hominien fossile de Ternifine (Algérie)», *C.R. Acad. Sci.,* n.º 239, 1954, págs. 893-895.

Arambourg, C. y P. Biberson, «The fossil human remains from the Paleolithic site of Sidi Abderrahman (Marocco)», *Am. J. of Physic. Anthrop.,* vol. 14, n.º 3, 1956.

Arambourg, C. e Y. Coppens, «Sur la découverte dans le Pléistocène inférieur de la vallée de l'Omo (Éthiopie) d'une mandibule d'Australopithécien», *C.R. Acad. Sci.,* n.º 265, 1968, págs. 589-590.

Arambourg, C. y R. Hoffstetter, «Le gisement de Ternifine», *Archie. Instit. Paléont. Hum.,* n.º 32, París, Masson, 1963.

Arsuaga, J., C. Bermúdez de Castro, J. y E. Carbonell, «The Sima de los Huesos hominid site», *J. Hum. Evol.,* n.º 36, 1997, págs. 105-421.

Asfaw, B., T.-D. White, C.-O. Lovejoy, B. Latimer, S. Simpson y G. Suwa, «*Australopithecus garhi:* A new species of early hominid from Ethiopia», *Science,* n.º 284, 1999, págs. 629-635.

Awazu Pereira da Silva, M. y B. Poirier, *Anthropologiques. Déformations crâniennes artificielles: histoire, recherches et hypothèses,* Pontoise, Musée de Pontoise, 1997.

Bacon, A.-M., *La Locomotion des primates du Miocène d'Afrique et d'Europe. Analyse fonctionnelle des os longs du membre pelvien et systématique,* París, CNRS Éditions, Cahiers de Paléoanthropologie, 2001.

Bar Yosef, O. y B. Vandermeersch, *Le Squelette moustérien du Kébara 2,* París, CNRS Éditions, Cahiers de Paléoanthropologie, 1991.

Barriel, V., «L'origine génétique de l'homme moderne», en: «Les origines de l'humanité», dosier *Pour la Science,* enero de 1999, págs. 92-98.

Beden, M., «Les Éléphantidés (Mammalia-proboscides)», en: Y. Coppens y F. Clark Howell (eds.), *Les Faunes plio-pleistocènes de la basse vallée de l'Omo (Éthiopie),* tomo 2, París, CNRS Éditions, «Travaux de paléontologie est-africaine», 1987.

Béraud-Colomb, E., R. Roubin, J. Martin, N. Maroc, A. Gardeisen, G. Trabucher y M. Goossens, «Human beta-globin gene polymorphisms characterized in DNA extracted from ancient bones 12,000 years old», *Am. J. Hum. Genet.,* n.º 57, 1995, págs. 1267-1274.

Berge, C., *L' Évolution de la hanche et du pelvis des hominidés: bipédie, parturition, croissance, allométrie,* París, CNRS Éditions, Cahiers de Paléoanthropologie, 1993.

Bérillon, G., *Le Pied des Hominoïdes Miocènes et des Hominidés fossiles,* París, CNRS Éditions, Cahiers de Paléoanthropologie, 2000.

Biberson, P., «Le gisement de l'Atlanthrope de Sidi Abderrahman (Casablanca)», *Bull. Arch. Maroc.,* tomo 1, Rabat, 1956.

Black, D., «Tertiary man in Asia: the Chou-Kou-Tien discovery», *Science,* n.º 64, 1926, págs. 586-587.

Black, D., «Tertiary man in Asia: the Chou-Kou-Tien discovery», *Nature,* n.º 118, 1926, págs. 733-734.

Black, D., «On a lower molar hominid tooth from Chou-Kou-Tien deposit», *Pal. Sinica,* New Ser., D. 7, 1927, págs. 1-28.

Blais, J.P., P. Cote, X. Derobert y S. Palma-López, *Synthèse des reconnaissances géologiques et géophysiques depuis 1996, Site de l'Homme de Pékin,* París, Fondation Électricité de France, 2005.

Blankaert, C., «Monogénisme et polygénisme en France de Buffon à P. Broca (1749-1880)», tesis de tercer ciclo, Université Paris-I, 1981.

Blandin, P., «Îles: vivre entre ciel et mer», catálogo de la exposición, París, MNHN-Nathan, *Nature,* 1997, pág. 128.

Blunier, T., J. Chappellaz, J. Schwander, A. Dallenbach, B. Stauffer, T.-F. Stocker y D. Raynoud, «Asynchrony of Antarctic and Arctic climate change during the last glacial period», *Nature,* n.º 394, 1998, págs. 743-793.

Bocquet-Appel, J.-P., «La paléodémographie», en: O. Dutour, J.-J. Hublin, B. Vandermeersch (eds.), «Objets et méthodes en paléoanthropologie», *Comité Trav. Hist. Sci.,* 2005, págs. 271-313.

Bonifay, D., *Les Premiers Peuplements de l'Europe,* París, Éditions Maison des Roches, 2002.

Bonis, L. de, G. Bouvrain, D. Geraads y J. Melentis, «Première découverte d'un Primate hominoïde dans le Miocène supérieur de Macédoine (Grèce)», *C.R. Acad. Sci.,* n.º 278, 1974, págs. 3063-3066.

Bonis, L. de y G.-D. Koufos, «*Ouranopithecus* et la date de séparation des hominoïdes modernes», *C.R. Acad. Sci.,* vol. 3, 2004, págs. 255-262.

Bonis, J. de, G.-D. Koufos y F. Guy, «Nouveaux restes du primate hominoïde *Ouranopithecus* dans les dépôts du Miocène supérieur de Macédoine (Grèce)», *C.R. Acad. Sci.,* serie 2, vol. 327, 1998, págs. 141-146.

Bonnefille, R., F.-H. Brown, J. Chavaillon, Y. Coppens, P. Haesaerts, J. Heizelin y F.-C. Howell, «Situation stratigraphique des localités à Hominidés des gisements plio-pléistocènes de l'Omo en Éthiopie (membre de base, A, B, C, D et J)», *C.R. Acad. Sci.,* tomo 276, serie D, 1973, págs. 2781-2784.

Bordes, F., *Leçon sur le Paléolithique. Le Paléolithique en Europe,* París, CNRS Éditions, Cahiers du Quaternaire, 7/2, 1984.

Bordes, F., *Typologie du Paléolithique ancien et moyen,* Burdeos, Éditions Delmas, 1961.

Boule, K., «L'homme fossile de La Chapelle-aux-Saints», *Ann. Pal.,* tomos VI-VII-VIII, Mónaco, 1911-1913.

Bourdier, Q., *Préhistoire de France,* París, Flammarion, Nouvelle Bibliothèque Scientifique, 1967.

Boureau-Deslandes, A.-F., *Sur une Antiquité celtique, un Recueil de différents traités de physique et d'histoire naturelle, propres à perfectionner ces deux sciences,* París, Éditions E. Ganeau, 1750-1753.

Bräuer, R., «The out of Africa model and the question of regional continuity. The KNM-ER 3884 Hominid and emergence of modern anatomy in Africa. Humanity from african naissance to coming millennia», P.-V. Tobias, A. Michael, J. Reath, Moggi-Cecchi, G.-A. Doyle, «Colloque de biologie humaine et paléoanthropologie, 28 de junio-4 de julio de 1998», Florencia, Firenze University Press, Johannesburg, Witwatersrand University Press, 2001.

Braun, M., «Applications de la scanographie à RX et de l'imagerie virtuelle en paléontologie humaine», tesis, MNHN, 1996.

Breuil, H., *Quatre Cents Siècles d'art pariétal,* Montignac, CEDP, 1952.

Briard, J., *Les Dépôts bretons et l'âge du Bronze atlantique,* Rennes, Laboratoire d'anthropologie, 1965.

Briard, J., *Les Mégalithes de l'Europe atlantique,* París, Errance, 1995.

Bromage, T.G. y F. Schrenke (eds.), *African Biogeography, Climate Change and Human Evolution,* Oxford University Press, 1999.

Broom, R., «A new fossil anthropoid skull from South Africa», *Nature,* vol. 138, 1936, págs. 486-488.

Broom, R., «The Pleistocene anthropoid apes of South Africa», *Nature,* vol. 142, 1938, págs. 377-379 y 897-899.

Broom, R. y J.-T. Robinson, «Further remains of the Sterkfontein ape-man, *Plesianthropus», Nature,* vol. 160, 1947, págs. 430-431.

Broom, R. y J.-T. Robinson, «A new type of fossil man», *Nature,* n.º 164, 1949, págs. 322-323.

Brugal, J.-P., F. David, J.-G. Enloe y J. Jaubert (dir.), *Le Bison: gibier et moyen de subsistence des Hommes du Paléolithique aux Paléoindiens des grandes plaines,* actas del coloquio inter-

nacional, Toulouse 1995, Sophia-Antipolis, Éditions APDCA, 1999.
Brugal, J.-P., L. Meignen y M. Patou-Mathis, *Économie préhistorique. Les comportements de subsistence au paléolithique,* actas de los XVIII Encuentros Internacionales de Arqueología Histórica, Antibes, 23-25 de octubre de 1997, Sophia-Antipolis, Éditions APDCA, 1998.
Brunet, M., A. Beauvilain, Y. Coppens, E. Heintz, A.-H.-E. Moutaye y D. Pilbeam, «The first australopithecine recovered west of the Rift Valley (Koro Toro region, Republic of Chad)», *Nature,* n.º 378, 1995, págs. 273-275.
Brunet, M., A. Beauvilain, Y. Coppens, E. Heintz, A.-H.-E. Moutaye y D. Pilbeam, *«Australopithecus bahrelghazali* une nouvelle espèce d'Hominidé ancien de la région de Koro Toro (Tchad)», *C.R. Acad. Sci.,* n.º 322, 1996, págs. 907-913.
Brunet, M., F. Guy, D. Pilbeam, H.T. Mackaye, A. Likius, D. Ahounta, A. Beuviallain, C. Blondel, H. Bocherens, J.R. Boisserie, L. de Bonis, Y. Coppens, J. Dejax, C. Denys, P. Duringer, V. Eisseman, G. Fanone, P. Fronty, D. Geraads, T. Lehman, F. Lihoreau, A. Loucwurt, A. Mahavat, G. Merceron, G. Mouchelin, O. Otero, P. Pelaez-Campomanes, M. Ponce de Léon, J.-C. Rage, M. Sapanet, M. Schuster, J. Sudre, P. Tassy, X. Valentin, P. Vignaud, X. Virlot, A. Zazzo y C. Zollikofer, «A new hominid from the Upper Miocene of Chad, Central Africa», *Nature,* n.º 418, 2002, págs. 145-151.
Brunet, M., F. Guy, D. Pilbeam, D.-E. Lieberman, A. Likius, H.-T. Mackaye, M. Ponce de León, C. Zollikofer y P. Vignaud, «New material of the Earliest Hominid from the Upper Miocene of Chad», *Nature,* n.º 434, 2005, págs. 753-755.
Bryan, A.-L., R.-M. Casamiquela, J.-M. Criuxent, R. Gruhn y C. Ochsenius, «An El Jobo mastodon kill at Taima-taima, Venezuela», *Science,* vol. 1200, 1978, págs. 1275-1277.
Buigues, B., *Sur la piste du mammouth,* París, Robert Laffont, 2000.
Chaine, J., *Une famille peu ordinaire. Du singe à l'homme,* París, Seuil, 1994.
Chavaillon, J., «Chronologie des niveaux paléolithiques de Melka-Kunturé (Éthiopie)», *C.R. Acad. Sci.,* tomo 276, serie D, 1973, págs. 1533-1536.

Chavaillon, J., «Evidence for the technical practice of early hominids, Shungura Formation, Lower Omo Valley, Ethiopia», en: Coppens, Y., R.-C. Howell, G.L. Isaac y R.-E.-F Leakey (eds.), *Earliest Man and Environments in the Lake Rudolf Basin,* Chicago, University of Chicago Press, 1976, págs. 565-573.

Chavaillon, J., «Un siècle de recherches préhistoriques en République de Djibouti», *Rev. Sci. Tech., ISERST,* n.º 3, 1990, págs. 17-28.

Chavaillon, J., «Récentes découvertes en Afrique orientale (Éthiopie, Burundi, République de Djibouti», *Bull. Soc. Préhist. Fr.,* vol. 85, n.º 3, 1988, págs. 79-80.

Chavaillon, J., J.-L. Boisaubert, M. Faum, C. Guerin, J.-L. Ma, B. Nickel, G. Poupeau, P. Rey y S.A. Warsama, «Le site de dépeçage pléistocène à Elephas recki de Barogali (République de Djibouti). Nouveaux résultats et datation», *C.R. Acad. Sci.,* n.º 305, serie II, 1987, págs. 1259-1266.

Chavaillon, J., N. Chàvaillon, Y. Coppens y B. Senut, «Présence d'hominidés dans le site oldowayen de Gomboré I à Melka Kunturé, Éthiopie», *C.R. Acad. Sci.,* serie D, n.º 285, París, 1977, págs. 961-963.

Chavaillon, J. y M. Piperno, *Studies on the Early Paleolithic site of Melka Kunture, Ethiopia,* Florencia, Instituto Italiano di Preistoria e Protostoria, 2004.

Chlachula, J., «Geology and Quaternary environments of the first preglacial palaeolithic sites found in Alberta, Canada», *Quat. Sci. Rev.,* n.º 15, 1996, págs. 285-313.

Chlachula, J. y L. Leslie, «Preglacial archaeological evidence at Grimshaw, the Peace River area, Alberta», Reply, *Can. J. Earth Sci.,* n.º 37, 2000, págs. 875-878.

Cinq-Mars, J., «Bluefish cave 1: a late Pleistocene Eastern Beringian cave deposit in the Northern Yuko», *Can. J. Arch.,* n.º 3, 1979, págs. 1-32.

Clarke, R.-J. y P.-V. Tobias, «Sterkfontein Member 2 foot bones of the oldest South African hominid», *Science,* n.º 269, 1995, págs. 521-524.

Cleuziou, H. Du, *Création de l'Homme et les premiers ages de l'humanité,* París, Éditions C. Marpon, Flammarion, 1887.

Cliquet, D., «Le gisement paléolithique moyen de Saint-Germain-des-Vaux/Port Racine (Manche) dans son cadre régional. Essai palethnographique», Université de Liège, *ERAUL,* n.º 63, 1994.

Clottes, J. (ed.), *La Grotte Chauvet. L'art des origines,* París, Seuil, 2001.

Cogné, J. y P.-R. Giot, «Étude pétrographique des haches polies de Bretagne», *Bull. Soc. Préhist. Fr.,* tomo 49, n.º 8, 1952, págs. 388-395.

Cohen, C. y J.-J. Hublin, *Boucher de Perthes, 1788-1868,* París, Belin, 1999.

Condemi, S., *Les Hommes fossiles de Saccopastore et leurs relations phylogénétiques,* París, CNRS Éditions, Cahiers de Paléoanthropologie, 1992.

Coppens, Y., «Notice sur les fours à augets de la côte méridionale bretonne et plus spécialement du Morbihan», *Not. Arch. Armor. Ann. Bret.,* Rennes, tomo LX, 1953, fasc. 2, págs. 336-353.

Coppens, Y., «Le mammouth de l'Atrikanova (Sibérie)», *Bull. Mus. Hist. Nat,* serie 2, tomo 30, n.º 4, 1958, págs. 404-406.

Coppens, Y., «L'Hominien du Tchad», *C.R. Acad. Sci.,* tomo 260, 1965, págs. 2869-2871.

Coppens, Y., «Le *Tchadanthropus», L'Anthropologie,* tomo 70, n.º 1-2, 1966, págs. 5-16.

Coppens, Y., «Les cultures protohistoriques et historiques du Djourab», Premier Colloque International d'Archéologie Africaine, Fort Lamy, *Études et documents tchadiens, Mémoires,* n.º 1, 1970, págs. 129-146.

Coppens, Y., «Évolution des Hominidés et de leur environnement au tours du Pio-Pléistocène dans la basse vallée de l'Omo en Éthiopie», *C. R. Acad. Sci.,* vol. 281, serie D, 1975, págs. 1693-1696.

Coppens, Y., «C. Arambourg, L. Leakey ou un demi-siècle de paléontologie africaine», París, *SPF,* tomo 76, n.º 10-12, 1979, págs. 291-324.

Coppens, Y., «The differences between *Australopithecus* and *Homo:* preliminary conclusion from the Omo Research Expedition's studies», *Current Argument on Early Man,* report from a Nobel symposium, Pergamon Press, 1980, págs. 207-225.

Coppens, Y., «Le cerveau des Hommes fossiles», *C.R. Acad. Sc.,* tomo 292, sup. Vie Acad., 1981.

Coppens, Y., *L'Origine du genre* Homo. *Processus de l'Hominisation,* París, Éditions du CNRS, 1981, págs. 55-60.
Coppens, Y., «Les plus anciens fossiles d'Hominidae», en: «Recent advances in the evolution of primates», *Pontif. Acad. Sci. Script. Var.,* n.º 50, Roma, 1983, págs. 1-9.
Coppens, Y., *Le Singe, l'Afrique et l'Homme,* París, Fayard, 1983.
Coppens, Y., «Les Australopithèques», *Bull. Mém. Soc. Anthr.,* París, 1984, págs. 269-380.
Coppens, Y. (ed.), *L'Environnement des hominidés au plio-pléistocène,* París, Masson, 1985.
Coppens, Y., «L'origine de l'Homme: le milieu, la découverte, la conscience, la création», *Rev. Sci. Mor. Polit.,* n.º 4, 1987, págs. 507-532.
Coppens, Y., *Le Genou de Lucy,* París, Odile Jacob, 1999 [trad. esp.: *La rodilla de Lucy,* col. Metatemas 85, Barcelona, Tusquets Editores, 2005].
Coppens, Y. (ed.), «Origine de l'Homme: réalité, mythe, mode», actas del coloquio, Collège de France, *Artcom,* 2001.
Coppens, Y., *Histoire de l'Homme et changements climatiques,* París, Fayard, 2006.
Coppens, Y., F.-C. Howell, G.-L. Isaac y R.-E.-F. Leakey (eds.), *Earliest Man and Environments in the Lake Rudolf Basin,* Chicago, University of Chicago Press, 1976.
Coppens, Y. y B. Senut (eds.), *Origine(s) de la bipédie chez les Hominidae,* París, CLARS Éditions, Cahiers de Paléoanthropologie, 1991.
Coppens, Y. y P. Pico (dir.), *Aux origines de l'humanité,* T1, París, Fayard, 2001.
Couture, C., *L'Organisation crânio-maxilo-faciale des Neandertaliens et des Hommes modernes,* París, CNRS Éditions, Cahiers de Paléoanthropologie, 1995.
Dart, R.-A., «*Australopithecus africanus:* the man-Ape of South Africa», *Nature,* n.º 2884, vol. 115, 1925, págs. 195-199.
Dastugue, J. y V. Gervais, *Paléopathologie du squelette humain,* Société Nouvelle des Éditions Boubée, París, 1992.
Dawson, C. y A.-S. Woodward, «On the discovery of a Palaeolithic Human skull and mandible in a flint-bearing gravel overlying the Wealden (Hastings Beds) at Piltdown, Fletching (Sussex)», *J. Geol. Soc.,* Londres, vol. LXIX, 1913, págs. 117-151.

Day, M.-H., *Guide to Fossil Man,* Chicago, University of Chicago Press, 4.ª ed., 1986.
Debénath, A., *Neandertaliens et Cro-Magnons. Les temps glaciaires, dons le bassin de la Charente,* Le Croît Vif Éditeur, 2006.
Defleur, A., *Les Sépultures moustériennes,* París, CNRS Éditions, 1993.
Delete, P. y J.-P. Blais, *Homme de Pékin. Résultats des recherches géologiques et géophysiques,* Mécénat technologique et scientifique d'EDF, 1997, informe.
Deloison, Y., «Sur les traces de pas de Laetoli en Tanzanie», *ERAUL,* Lieja, n.º 56, 1991, págs. 63-72.
Deloison, Y., *Préhistoire du piéton. Essai sur les nouvelles origines de l'homme,* París, Plon, 2004.
Delporte, H., G. Maziere y F. Djindjian, «L'Aurignacien de La Ferrassie: observations préliminaires à la suite de fouilles récentes», *BSPF,* tomo 74, 1977, págs. 343-361.
Delson, E., I. Tattesall, J.A. Van Couvering y A.S. Brooks, *Encyclopedia of Human Evolution and Prehistory,* 2.ª ed., Garland Publishing, Nueva York y Londres, 2000.
Demeter, F., «Histoire du peuplement humain de l'Asie extrême-orientale depuis le Pléistocène supérieur récent», tesis, Université Paris-I, 2000.
Denys, C., «Implications paléoécologiques et paléobiogéographiques de l'étude de Rongeurs plio-pleistocènes d'Afrique orientale et australe», tesis, Université Pierre-et-Marie-Curie Paris-VI, 1990.
Dubois, E., «Palaeontologische onderzoekingen op Java», *Jaarboek van het Mijnwezen in Nederiandsch-Indie over het jaar 1890-1891,* Mededeelingen, 1892, págs. 60-61.
Dubois, E., *Pithecanthropus erectus: Eine menschenaehnliche Uebergangsform aus Java,* Batavia, Landesdruckerei, 1894.
Dubourg, C., «Les expressions du naturalisme dans les arts graphiques du Paléolithique supérieur. Une vision du monde des chasseurs préhistoriques», tesis, prehistoria y geología del cuaternario, 1997.
Ducros, A., J. Ducros y F. Joulian, *La Culture est-elle naturelle? Histoire, épistémologie et applications récentes du concept de culture,* París, Hespérides, Errance, 1998.
Duplessy, J.-C., «La circulation globale de l'océan et ses variations

dans le passé», *C.R. Geosci.,* vol. 336, n.º 7-8, 2004, págs. 657-666.

Eck, G.G., N.G. Jablonski, M. Leakey, «Les Cercopithecidae de la formation de Shungura», en: Y. Coppens y F. Clark Howell (eds.), *Les Faunes Alio pleistocènes de la basse vallée de l'Omo (Ethiopie),* tomo 3, París, CNRS Éditions, «Travaux de paléontologie est-africaine», 1987.

Eisenman, V., C. Guérin, D.A. Hooijer, R. Churcher, A. Gentry, «Périssodactyles. Artiodactyles (Bovidae)», en: Y. Coppens y F. Clark Howell (eds.), *Les Fauneslio-pleistocènes de la basse Évallée de l'Omo (Ethiopie),* tomo 1, París, CNRS Éditions, «Travaux de paléontologie est-africaine», 1985.

Excoffier, L., «Polymorphisme de l'ADN mitochondrial et histoire du peuplement humain», tesis, Université de Genève, 1988.

Facchini, F., *Origini dell'Uomo ed evoluzione culturale, profili scientifici, filosofici, religiosa,* Milán, Jaca Book, 2002.

Fizet, M., «Biogéochimie isotopique du C et N du collagène des vertébrés, contribution à l'étude d'un paléoécosystème anthropique du Pléistocène supérieur (Marillac, Charentes)», tesis, Paris-VI, 1992.

Gabunia, L., M.-A. de Lumley, A. Vekua, D. Lordkipanidze y H. de Lumley, «Découverte d'un nouvel hominidé à Dmanissi (Transcaucasie, Géorgie)», *C.R. Acad. Sci., Palevol,* n.º 1, 2002, págs. 243-253.

Gabunia, L., A. Vekua, D. Lordkipanidze, C.-C. Swisher III, R. Ferring, A. Justus, M. Nioradze, M. Tvalrelidze, S.C. Anton, G. Bosinski, O. Tris, M.-A. de Lumley, G. Majsuradzs y A. Muskhelishvili, «Earliest Pleistocene hominid cranial remains from 2000», págs. 1019-1025.

Galichon, V., «Étude de la structure trabéculaire interne de l'ilium des premiers Hominidés d'Afrique du Sud (analyse d'images digitales)», tesis, París, MNHN, 1997.

García, M.A., «Ichnologie générale de la grotte Chauvet», *Bull. Soc. Préhist. F.,* n.º 102, 2005, págs. 103-108.

García, M.A., P. Morel, «Restes et reliefs. Présence de l'homme et de l'ours dans la grotte de Montespan», *Anthropozoologica,* n.º 21, 1995, págs. 73-78.

Garenger, J., «La préhistoire océanienne», *Int. Congr. Prehist. Protohist. Sci.,* CNRS, 1976.

Gervais, P., «Sur un singe fossile, d'espèce non encore décrite qui a été découverte au Monte Bamboli, Basel», *C.R. Acad. Sci.,* n.º 74, 1872, págs. 1217-1223.
Gibbons, A., *The First Human,* Nueva York, Doubleday, 2006.
Giot, P.-R., *Le Cairn de Barnenez,* Rennes, Éditions Ouest-France, 1991.
Giot, P.-R., J. Bmard, L. Pape, *Protohistoire de la Bretagne,* Rennes, Éditions Ouest-France-Université de Rennes, 1979.
Giot, P.-R., J. Cogr, «Étude pétrographique des haches polies de Bretagne, IV, Les haches de combat en métahornblendite», *Bull. Soc. Préhist. Fr.,* tomo 52, 1955, págs. 401-409.
Giot, P.-R., J. L'Helgouac'h y J.-L. Monnier, *Préhistoire de la Bretagne,* Rennes, Éditions Ouest-France, 1998.
Glenn, C., M. Comroy, M. Pickford, B. Senut, J. Van Couvering y P. Mein, *«Otavipithecus namibiensis,* first Miocene hominoid from southern Africa», *Nature,* n.º 356, 1992, págs. 144-148.
Gombergh, R., *Avant de naître,* París, Robert Laffont, 1999.
Gommery, D., «Le rachis cervical des primates actuels et fossiles, aspect fonctionnel et évolutif», tesis, Paris-VII, 1995.
Graindor, M.-J. e Y. Martin, *L'Art préhistorique de Gouy,* París, Presses de la Cité, 1972.
Grimaud-Herve, D., *L'Évolution de l'encéphale chez* Homo erectus *et* Homo sapiens. *Exemples de l'Asie et de l'Europe,* París, CNRS Éditions, Cahiers de Paléoanthropologie, 1997.
Guerin, C., «Les rhinocéros (Mammalia, Perissodactyla) du Miocène terminal au Pléistocène supérieur en Europe occidentale: comparaison avec les espèces actuelles», Villeurbanne, Département des sciences de la terre, Université Claude-Bernard-Lyon-I, *Documents des laboratoires de géologie,* n.º 79, 1980.
Guidon, N. y G. Delibrias, «Carbon-14 dates point to man in the Americas 32,000 years ago», *Nature,* n.º 321, 1986, págs. 769-771.
Guihard-Costa, A.-M., G. Grange J.-C. Larroche y E. Papiernik, «Sexual differences in anthropometric measurements in French newborns», *Biol. Neonate,* Suiza, vol. 72, n.º 3, 1997, págs. 156-164.
Gutiérrez, M., *L'Art pariétal de l'Angola,* París, L'Harmattan, 1996.
Haeckel, E., «Natürliche Schöpfungsgeschichte: Gemeinverständliche Wissenschaftliche Vorträge über die Entwicklungslehre

im Allgemeinen und Diejenige von Darwin, Goethe und Lamarck im Besonderen, über die Anwendung Derselben auf den Ursprung der Naturwissenschaft», 3.ª ed., con 15 tablas, 19 grabados, 18 árboles genealógicos y 19 tablas sistemáticas, Berlín, G. Reimer, 1868.

Haeckel, E., *The History of Creation,* vol. 1, Londres, Trench & Co., 3.ª ed., 1883.

Hailé Sélassié, Y., «Late Miocene hominids from Middle Awash, Ethiopia», *Nature,* n.º 412, 2001, págs. 178-181.

Hailé Sélassié, Y., G. Suwa y T.D. White, «Late Miocene teeth from Middle Awash, Ethiopia and Early Hominid dental evolution», *Science,* n.º 303, 2004, págs. 1503-1505.

Heim, J.-L., «Les Hommes de Neandertal: un nouvel essai d'interprétation phylogénique», *C.R. Acad. Sci.,* serie general, n.º 4, 1987, págs. 305-323.

Heim, J.-L., «Une nouvelle reconstitution du crâne neandertalien de La Chapelleaux-Saints», *C.R. Acad. Sci.,* tomo 308, serie II, n.º 6, 1989, págs. 1187-1192.

Heim, J.-L., *Les Enfants neandertaliens de La Ferrassie: étude anthropologique et analyse ontogénique des hommes de Neandertal,* París, Masson, 1982.

Hladik, A., J.-R. Leigh, G. Egbert y F. Bourliere, «Disponibilités des ressources alimentaires dans les forêts tropicales: contexte et donnés récentes», en: C.-M. Hladik, A. Hladik, H. Pagezy, Linares, F. Olga, Koppert, J.-A. Georgius y E. Froment, *L'Alimentation en forêt tropicale: interactions bioculturelles et perspectives de développement,* París, Unesco, 1996, págs. 219-242.

Hoffstetter, R., «Phylogeny and geographical deployment of the primates», *J. Hum. Evol.,* n.º 3, 1974, págs. 327-350.

Howell, F.-C., «European and Northwest African Middle Pleistocene Hominids», *Curr. Anthr.,* vol. 1, n.º 3, 1960, págs. 195-232.

Howell, F.-C., «Hominidae», en: J. Maglio, H.B.S. Cooke, *Evolution of African Mammals,* Cambridge, Harvard University Press, 1978, págs. 154-258.

Howell, F.-C., G. Arsebuk y L. Kuhn, «The Middle Pleistocene Lithic assemblage from Yarimburgaz Cave, Turkey», *Paléorient,* vol. 22, n.º 1, 1996.

Hrdlicka, A., *Melanesians and Australians and the peopling of America,* Washington, The Smithsonian Institution, 1935.

Hublin, J.-J., «Before modern humans: The European perspective», en: M. Aloisi, B. Battaglia, E. Carafoli y G.-A. Danieli (eds.), «The Origin of Humankind Conf.», *Proc. Intern. Symp.,* 14-15 de mayo de 1998, IVSLA, Venecia, 2000, serie 3, págs. 3-5.

Hublin, J.-J., «*D'Homo ergaster à Homo sapiens*», en: O. Dutour, J.-J. Hublin y F. Vandermeersch (eds.), *Origin et évolution des populations humaines,* París, Comité des Travaux Historiques et Scientifiques, 2005, págs. 89-104.

Hughes, R.A. y P.-V. Tobias, «A fossil skull probably of the genus *Homo* from Sterkfontein, Transvaal», *Nature,* n.º 265, 1977, págs. 310-312.

Hurzeler, J., «Neubeschreibung von Oreopithecus Bambolii Gervais», *Abhandlungen der Scheizerischen Paleontologoschen Gesellschaft,* vol. 66, n.º 5, 1949, págs. 1-20.

Hurzeler, J., «Oreopithecus Bambolii Gervais, A preliminary report», *Verhandlungen der Naturforschenden Gesellschaft in Basel,* n.º 69, 1958, págs. 1-48.

Hylander, W.-L., K.-R. Johnson y A.-W. Crompton, «Loading patterns and jaw movements during mastication in Macaca fascicularis: A bone-strain, electromyographic, and cineradiographic analysis», *Am. J. Phys. Anthrop.,* vol. 72, 1987, págs. 287-314.

Irving, W.-N., A.-V. Jopling e I. Kritsch-Armstrong, «Studies of bone technology and taphonomy, Old Crow basin, Yukon territory», en: Bonnichsen, R. y M.-A. Sorg, *Bone Modification,* Orono, Center for the Study of the First Americans-University of Maine-R. Bonnichsen, 1989, págs. 347-379.

Ishida, H. y M. Pickford, «A new Late Miocene hominoid from Kenya: *Samburupithecus kiptalami* gen et sp. nov.», *C.R. Acad. Sci.,* 1998, 2.ª serie, n.º 325, págs. 823-829.

Jacob, F., *Le Jeu des possibles,* París, Fayard, 1981 [trad. esp.: *El juego de lo posible,* Barcelona, Grijalbo, 1997].

Jacob, T., «Morphology and paleoecology of early man in Java», en: R.-H. Tuttle (ed.), *Paleoanthropology, morphology and paleoecology,* La Haya, Mouton, 1975, págs. 311-326.

Jacob, T., «*Meganthropus, Pithecanthropus,* and *Homo sapiens* in Indonesia: evidence and problems», Coll. Inter. CNRS, *Process Hominisation,* n.º 599, 1981, págs. 81-84.

Jacob, T., «Biological aspects of *Homo erectus* through the time-space continuum», en: T. Simanjuntak, B. Prasetyo, R. Handini (eds.), *Sangiran: man, culture, and environment in Pleistocene times,* Yakarta, Yayasan Obor Indonesia, 2001, págs. 19-23.

Jaeger, J.-J., Tin Thein, M. Benammi, Y. Chaimanee, Aung Naing Soe, Thit Lwin, Than Tun, San Wai y S. Ducrocq, «A New Primate from the Middle Eocene of Myanmar and the Asian Early Origin of Anthropoids», *Science,* vol. 286. n.º 5439, 1999, págs. 528-530.

Jagher, R., J.-M. Le Tensorer, P. Morel, S. Muhesen, J. Renault-Miskovsky, P. Rentezl y P. Schmid, «Découvertes de restes humains dans les niveaux acheuléens de Nadaouiyeh Aïn Askar (El Kowm, Syrie centrale)», *Paléorient,* vol. 23, n.º 1, 1997, págs. 87-93.

Jefferson, T., «Notes on the State of Virginia», en: *Thomas Jefferson: Writings,* Nueva York, Library of America, 1984, págs. 123-325.

Jelínek, J., «Man and his origins», Int. Congr. Europ. Anthrop. Ass., 1980, Brno, Checoslovaquia, 1982.

Jelínek, J., «Modern man and his biological evolution», Int. Congr. Europ. Anthrop. Ass., 1980, Brno, Checoslovaquia, 1982.

Jerison, H., «Brain size and the evolution of mind», *Fifty-ninth James Arthur lecture on the evolution of the human brain,* Nueva York, American Museum of Natural History, 1991.

Jian, Gao, C. Xu, L. Wang y K. Han, «Australopithecine teeth associated with *Gigantopithecus», Vert. PalAsiat.,* n.º 13, 1975, págs. 81-87.

Johanson, D.-C. y B. Edgar, *From Lucy to Language,* Nueva York, Simon and Schuster, 1996.

Johanson., D.-C., T.-D. White e Y. Coppens, «A new species of the genus *Australopithecus* (Primates: Hominidae) from the Pliocene of eastern Africa», *Kirtlandia,* vol. 28, 1978, págs. 1-14.

Joulian, F., «Techniques du corps et traditions chimpanzières, Les animaux pensent-ils?», *Terrain,* n.º 34, 2000.

Joussaume, R., «Gravures rupestres en République de Djibouti», *Rev. Sc. Tech., ISERST,* n.º 2, 1989, págs. 105-129.

Joussaume, R. y J.-P. Pautreau, *La Préhistoire du Poitou: Poitou, Vendée, Aunis, des origins à la conquête romaine,* Rennes, Éditions Ouest-France, 1990.

Joussaume, S., *Climat d'hier à demain,* París, CNRS Éditions-CEA, «Science au présent», 1993.
Jouzel, J. et al., «Les archives glaciaires du Groenland», *La Recherche,* n.º 261, 1994, págs. 38-45.
Katarzyna Kaszycka, A., *Status of Kromdraai: Cranial, Mandibular and Dental Morphology, Systematic Relationships, and Significance of the Kromdraai Hominids,* París, CNRS Éditions, Cahiers de Paléoanthropologie, 2002.
Kauffman, M.-J., «Almasty: yéti du Caucase», en: E. Joly, «Créatures imaginaires», número especial de *Sciences et Avenir,* «Les animaux extraordinaires», n.º 123, julio-agosto de 2000.
Kemi, A., *Antiquity of Man,* Londres, Williams and Norgate, 1915.
Keyser, A., «Drimolen: a New Plio-Pleistocene Hominid Site», Abstracts of contributions to the Dual Congress 1998, 28 de junio-4 de julio, Sun City, Sudáfrica, pág. 22.
Kiel, W.-H., D.-C. Johanson e Y. Rak, «The first skull and other new discoveries of *Australopithecus afarensis* at Hadar, Ethiopia», *Nature,* n.º 368, 1994, págs. 449-451.
Kimmbel, W.-H., D.-C. Johanson e Y. Rak, «Systematic assessment of a maxilla of Homo from Hadar, Ethiopia», *Am. J. Phys. Anthrop.,* n.º 103, 1997, págs. 235-262.
King, W., «The reputed fossil man of the Neanderthal», *Quart. Rev. of Sc.,* vol. 1, 1864, págs. 88-97.
Koeningswald, G.-H.-R., «Erste Mitteilung über einen fossilen Hominiden aus dem Altpleistocän Ostjavas», *Proceedings, K. Akademie Wettenschappen Amsterdam,* n.º 39, 1936, págs. 1000-1009.
Koeningswald, G.-H.-R., «Preliminary note on the new remains of *Pithecanthropus* from Central Java», en: F.-N. Chasen, M.-W.-F. Tweedie (eds.), *Proceedings of the Third Congress of Prehistorians of the Far East,* Singapur, 24-30 de enero de 1938, Singapur, Gobierno de las Colonias de los Estrechos, 1940, págs. 91-95.
Koeningswald, G.-H.-R., «Remarks on *Gigantopithecus* and other hominoid remains from southern China», *Proceedings, K. Akademie Wettenschappen Amsterdam* (B), n.º 60, 1957, pág. 153.
Kotsakis, T., G. Marras y M.-R. Palombo, «An *Oreopithecus* fauna from Late Miocene of Sardinia (Italy)», *Nature,* Londres, 1990.

La Tour D'Auvergne Corret, T.-M. de, *Origins gauloises, celles des plus anciens peuples de l'Europe, puisées dans leur vraie source, recherches sur la langue, l'origine et les Antiquités des celto-bretons de l'Armorique, pour servir à l'histoire ancienne et modern, de ce peuple, et à celle des Français,* Bayonne, P. Faunet Jeune imp., 1792.

Laitman, J.-T., «Evolution of the Hominid upper respiratory tract: the fossil evidence», en: P.-V. Tobias (ed.), *Hominid Evolution: Past, Present and Future,* Nueva York, Alan R. Liss, Inc., 1985, págs. 281-286.

Laitman, J.-T., «L'origine du langage articulé», *La Recherche,* n.° 181, 1986, págs. 1164-1173.

Lamark, J.-B.-P.-A. de, *Histoire naturelle des animaux sans vertèbres,* París, Éditions J.-B. Baillère, 1843.

Langaney, A., J. Clottes, J. Guilaine y D. Simonnet, *La Plus Belle Histoire de l'Homme. Comment la Terre devint humaine,* París, Seuil, 1998 [trad. esp.: *La historia más bella del hombre: cómo la Tierra se hizo humana,* Barcelona, Anagrama, 1999].

Lavallée, D., *Promesse d'Amérique: la préhistoire de l'Amérique du Sud,* París, Hachette, 1995.

Le Gros Clark, W.-E., *The Fossil Evidence for Human Evolution,* University of Chicago Press, 1955.

Le Mouël, J.-F., «Ceux des mouettes. Les Eskimos Naujamiut, Groenlarid Ouest», *Mém. Instit. Ethn.* MNHN, vol. XVI, 1978.

Le Roux, C.-T., *L'Outillage de Pierre polie en métadolérite du type A: les ateliers de Plussien, Côtes-d'Armor: production et diffusion au néolithique dans la France de l'Ouest et au-delà,* Rennes, Éditions Université de Rennes, 1999.

Leakey, L.-S.-B., «A New Fossil Skull From Olduvai», *Nature,* vol. 184, 1959, págs. 491-493.

Leakey, L.-S.-B., «Recent discoveries at Olduvai Gorge», *Nature,* vol. 188, n.° 4755, 1960, págs. 1050-1052.

Leakey, L.-S.-B., «New Finds at Olduvai Gorge», *Nature,* vol. 189, n.° 4765, 1961, págs. 649-650.

Leakey, L.-S.-B., *«Homo habilis, Homo erectus,* and *Australopithecus», Nature,* vol. 209, 1966, págs. 1279-1281.

Leakey, L.-S.-B., A.-T. Hopwood y R. Reck, «New Yields from the Olduway Stone Beds, Tanganyika Terr», *Nature,* n.° 128, 1931, pág. 1075.

Leakey, L.-S.-B. y M.-D. Leakey, «Recent discoveries of fossil Hominids in Tanganyika: at Olduvai and Near Lake Natron», *Nature,* vol. 202, n.º 4927, 1964, págs. 5-7.

Leakey, L.-S.-B., P.-V. Tobias y J.-R. Napier, «A new species of the genus *Homo* from Olduvai Gorge», *Nature,* vol. 202, n.º 4927, 1964, págs. 7-9.

Leakey, M.-D., *Olduvai Gorge: Excavations in Beds I and II, 1960-1963,* Cambridge, Cambridge University Press, 1971.

Leakey, M.-G., C.-S. Feibel, I. McDougall y A.-C. Walker, «New four-million year old hominid species from Kanapoi and Allia bay, Kenya», *Nature,* n.º 375, 1995, págs. 565-571.

Leakey, M.-G., F. Spoor, F.-H. Brown, P.-N. Gathogo, C. Kiairie, L.-N. Leakey y I. McDougall, «New hominin genus from eastern Africa shows diverse middle Pliocene lineages», *Nature,* n.º 410, 2001, págs. 433-439.

Leguebe, A. y M. Toussaint, *La Mandibule et le cubitus de La Naulette, morphologie et morphométrie,* París, CNRS Éditions, Cahiers de Paléoanthropologie, 1988.

Leroi-Gourhan, A., *Le Geste et la Parole,* París, Albin Michel, 1964.

Leroi-Gourhan, A., *Préhistoire de l'art occidental, (L'art et les grandes civilisations),* París, Mazenod, 1965 [trad. esp.: *Prehistoria del arte occidental,* Barcelona, Gustavo Gili, 1968].

Leroi-Gourhan, A. y M. Brézillon, *Fouilles de Pincevent. Essai d'analyse ethnographique d'un habitat magdalénien (la section 36),* París, CNRS Éditions, 1972.

Lévêque, F., «L'Homme de Saint-Césaire: sa place dans le Castelperronien de Poitou-Charentes», en: M. Otte (ed.), «L'Homme de Neandertal», *ERAUL,* Lieja, 1989, págs. 99-108.

Lewis, G.-E., «Preliminary notice of new man-like apes from India», *Am. J. of Sci.,* serie 5, 27, 1934, págs. 161-181.

Linneo, C., *Systema naturae per regna tria naturae, secundum classes, ordines, genera, species, cum characteribus, differentiis, synonymis, locis,* Editin decima reformats, Holmiae, Impensis direct, ed. Laurentii Salvii (Salvius publ.), 1758.

Lomolino, M.-V., «Body size evolution in insular vertebrates: generality of the island rule», *J. Biogeogr.,* n.º 32, 2005, págs. 1683-1699.

Lorenzo, J.-L. y L. Mirambell, «The inhabitants of Mexico during the upper Pleistocene», en: R. Bonnichsen y K. Turnmire (eds.),

Ice Age People of North America, Corvallis, Oregon State University Press, 1999, págs. 482-496.

Lorenzo, J.-L. y L. Mirambell, «Tlapacoya: 35.000 años de Historia del Lago de Chalco. México», *DFINAH,* Cient., Ser. Prehist., 1986.

Lorius, C., *Glaces de l'Antarctique: une mémoire, des passions,* París, Odile Jacob, 1991.

Lucotte, Z., *Ève était noire,* París, Fayard, 1995.

Lumley, H. de, A.-M. Moigne y S. Grégoire, «2000: Habitat et mode de vie des chasseurs préhistoriques de la Caune de l'Arago (600.000-400.000 ans)», Congr. Tautavel 10-15 de abril de 2000, *Les premiers habitants de l'Europe,* pág. 145.

Lumley, H. de, *La Grande Histoire des premiers hommes européens,* París, Odile Jacob, 2007 [en preparación en Tusquets Editores].

Lumley, M.-A. de, L. Gabonnia, A. Vekna y D. Lordkifanioze, «Les restes humains du Pliocèn final et du début du Pléistocène inférieur de Dmanissi, Géorgie (1991-2000), I - Les crânes D 2280, D 2282, D 2700», *L'Anthropologie,* 110 (1), 2006, págs. 1-110.

Lumley-Woodyear, M.-A. de y Sonakia Arun, «Première découverte d'un *Homo erectus* sur le continent indien à Hathnora, dans la moyenne Vallée de la Narmada», *L'Anthropologie,* vol. 89, fasc. 1, 1985, págs. 13-61.

Lund, H., «Naturforskeren Peter Wilhelm Lund», *Enbiografisk Skizze,* Copenhague, Reitzel, 1885.

MacNeish, R.-S., «Late Pleistocene adaptations: A new look at early peopling of the New World as of 1976», *J. Anthrop. Res.,* vol. 34, n.º 4, 1978, págs. 475-496.

Madre-Dupouy, M., *L'Enfant du Roc de Marsal. Étude analytique et comparative,* París, CLARS Éditions, Cahiers de Paléoanthropologie, 1992.

Maës, M., *Manuel de la Grande chasse en Afrique,* París, Montbel, 2005.

Maitrerobert, A., «L'origine du langage articulé. Le tractus vocal et ses relations avec la base du crâne et la mandibule», tesis, MNHN, 2002.

Marquet, J.-C., *La Préhistoire en Touraine,* París, CLD Éditions, 1999.

Maudet de Penhoët, A.-B.-L., *Recherches historiques sur la Bretagne d'après ses monuments anciens et modernes,* Nantes, Éditions Mangin, 1814.

Maureille, H., «La face chez *Homo erectus* et *Homo sapiens.* Recherche sur la variabilité morphologique et métrique», tesis, Université de Bordeaux-I, 1994.

Mayer, F., «Ueber die fossilen Ueberreste eines Menschlichen Schädels und Skeletes in einer Felsenhöhle des Düsseloder Neanderthales», *Müller's Archiv.,* n.º 1, 1864.

Mayr, E., «Taxonomic categories of fossil hominids», *Cold Spring Harbor Symp. Quant. Biol.,* vol. 25, 1950, págs. 109-118.

Meiri, S., T. Dayan y D. Simberloff, «Area, isolation, and body size evolution in insular carnivores», *Ecol. Lett.,* 8, 2005, págs. 1211-1217.

Monod, J., *Le Hasard et la Nécessité,* París, Seuil, 1970 [trad. esp.: *El azar y la necesidad,* col. Metatemas, n.º 6, Barcelona, Tusquets Editores, 1981].

Muhesen, S., *Le Paléolithique de Syrie: histoire, bilan et perspectives,* habilitación para dirigir investigaciones, Université de Paris-I-Panthéon-Sorbonne, 2004.

Muizon, C. de y T.-J. de Vries, «Geology and paleontology of Late Cenozoic marine deposits in the Sacaco area (Peru)», *Geol. Rundsch.,* n.º 74, 1985, págs. 547-563.

Oakley, K.-P. y C.-R. Hoskins, «New evidence on the antiquity of Piltdown man», *Nature,* n.º 165, 1950, págs. 379-382.

Otte, M., «Origine de l'homme moderne: Approche comportementale», *C.R. Acad. Sci.,* tomo 318, serie II, 1994, págs. 267-273.

Parenti, F., *Le Gisement quaternaire de Pedra Furada (Piaui, Brésil),* París, ERC-La Documentation française, 2002.

Patrolin, N., *Traces, strates. Archéologie en Champagne Ardenne,* Castor et Pollux, 2000.

Patou-Mathis, M., *Neanderthal, une autre humanité,* París, Perrin, 2006.

Patterson, B., «A new locality for early Pleistocene fossils in northwestern Kenya», *Nature,* n.º 212, 1966, págs. 577-581.

Patterson, B. y W.-W. Howells, «Hominid humeral fragment from early Pleistocene of Northwestern Kenya», *Science,* n.º 156, 1967, págs. 64-66.

Péan, S., «Comportements de subsistance au Gravettien en Europe

centrale (Autriche, République Tchèque, Pologne, Hongrie)», tesis, MNHN, 2001.
Penin, X., «Modélisation tridimensionnelle des variations morphologiques du complexe crânio-facial des Hominoidea», tesis, Université Paris-VI, 1997.
Peretto, P., «I reperti paleontologici del giacimento paleolitico di Isernia La Pineta», Iannone, Isernia, 1996.
Petter, G. y B. Senut, *Lucy retrouvée: histoire de nos ancêtres,* París, Flammarion, 1994.
Peyre, E., «Pollution au plomb du Moyen Âge à l'époque moderne: l'exemple des moniales de l'abbaye de Maubuisson (Saint-Ouen-l'Aumône, Val-d'Oise)», *Alimentation en milieux religieux,* actas del coloquio CAMHER, 2006.
Pickford, M., «Uplift of the roof of Africa and its bearing on the evolution of mankind», *J. Hum. Evol.,* n.º 5, 1990, págs. 1-20.
Pickford, M., «Fossil and snails of East Africa and their palaeoecological significance», *J. Af. Eart. Sci.,* n.º 20, 1995, págs. 167-226.
Pickford, M. y B. Senut, «Le toit de l'Afrique et son influence sur les paléoclimats est-africains», en: *115e Congrès national des Sociétés savantes,* coloquio sobre geología africana, vol. de resúmenes, *Comm. Tray. Hist. Sci., Aviñón,* 1990, pág. 197.
Pickford, M. y B. Senut, «The geological and faunal context of Late Miocene hominid remains from Lukeino, Kenya», *C.R. Acad. Sci.,* n.º 332, 2001, págs. 145-152.
Pickford, M., B. Senut y D. Gommery, «Sexual dimorphism in *Morotopithecus bishopi,* and early Middle Miocene hominoid from Uganda, and a reassessment of its geological and biological contexts», en: P. Andrews, P. Barham (eds.), *Late Cenozoic Environments and Hominid Evolution: A Tribute to Bill Bishop,* Londres, Geol. Soc., 1999, págs. 27-38.
Pickford, M., B. Senut, D. Gommery y E. Musiime, «New catarrhine fossils from Moroto II, early Middle Miocene (ca 17,5 Ma) Uganda», *C.R. Acad. Sci.,* serie 2, Palévol., n.º 2, 2003, págs. 649-662.
Pickford, M., B. Senut, D. Hadoto, J. Musisi y C. Kariira, «Nouvelles découvertes dans le Miocène inférieur de Napak, Ouganda oriental», *C.R. Acad. Sci.,* serie 2, n.º 302, 1986, págs. 47-52.
Picq, P., *L'Évolution de l'articulation temporo-mandibulaire des Hominidés: biomécanique, allométrie, anatomie comparée et*

évolution, París, CNRS Éditions, Cahiers de Paléoanthropologie, 1990.

Picq, P., *Les Origines de l'Homme. L'Odyssée de l'Espèce,* París, Tallandier, 1999.

Picq, P., *Au commencement était l'Homme,* París, Odile Jacob, 2003.

Picq, P. e Y. Coppens (dir.), *Aux origins de l'humanité,* tomo II, París, Fayard, 2001 [trad. esp.: *En los orígenes de la humanidad,* Madrid, Espasa-Calpe].

Piette, E., *L'Art pendant l'Âge du renne,* París, Masson, 1907.

Pilbeam, D., «Rearranging Our Family Tree», *Human Nature,* junio de 1978, pág. 40.

Pilbeam, D., «New hominoid skull material from the Miocene of Pakistan», *Nature,* vol. 295, 1982, págs. 232- 234.

Pitulko, V.-V., P.-A. Nikolsky, E. Yu. Girya, A.-E. Basilyan, V.-E. Tumskoy, S.-A. Koulakov, S.-N. Astakhov, E. Yu. Pavlova y M.A. Anisimov, «The Yana RHS Site: Humans in the Arctic before the last glacial maximum», *Science,* n.º 303, 2004, págs. 52-56.

Piveteau, J., «Paléontologie humaine», en: *Traité de Paléontologie,* tomo VI, París, Masson, 1957.

Pouiydebat, R., «La préhension chez les primates: approches éthologiques, biomécaniques et morphométriques», tesis, MNHN, París, 2004.

Prat, S., «Origine et taxinomie des premiers représentants du genre *Homo*», tesis, Université de Bordeaux-I, Talence, 2000.

Quatrefages, A. de y E.-T. Hamy, «Races humaines fossiles. Race de Cro-Magnon», *C.R. Acad. Sci.,* n.º 78, París, 1874, págs. 861-867.

Ramírez-Rozzi, S. (ed.), *Les Hominidés du Plio-Pléistocène de la vallée de l'Omo; microanatomie de l'émail et développement dentaire,* París, CNRS Éditions, Cahiers de Paléoanthropologie, 1997.

Ramírez-Rozzi, F., «Enamel structure and development, and its application in Hominid evolution and taxonomy», *J. Hum. Evol.,* número especial, n.º 35 (4/5), 1998.

Reck, H., «Erste vorlaufige Mitteilung über den Fund eines fossilen Menschenskeletts aus Zentral-Afrika», *Sitzungsbericht der Gesellschaft der naturforschender Freunde,* Berlín, n.º 3, 1914, págs. 81-95.

Reck, H., «Zweite vorlaufige Mitteilung fossile Tiere- und Menschenfunde aus Oldoway in Zentral-Afrika», *Sitzungsbericht der Gesellschaft der naturforschender Freunde,* Berlín, n.º 7, 1914, págs. 305-318.

Ricqlès, A. de, A. Meyendorf, A.-F. de Lapparent y C.-L. Camp, «Les premières recherches paléohistologiques sur les dinosaures du Sahara», *Ann. Paléont.,* n.º 80, 1994, págs. 143-154.

Robien, C.-P. de, *Description historique, topographique et naturelle de l'ancienne Armorique,* 1756, Mayenne, reed. J.-Y. Veillard., J. Floch, 1974.

Robinson, J.-T., «Occurrence of stone artefacts with *Australopithecus* at Sterkfontein: Part 1», *Nature,* n.º 180, 1957, págs. 521-522.

Roche, H. y J.-J. Tiercelin, «Découverte d'une industrie lithique ancienne *in situ* dans la formation d'Hadar, Afar Central, Ethiopie», *C.R. Acad. Sci.,* tomo 284, serie D, 1977, págs. 1871-1874.

Roche, H., A. Delagnes, J.-P. Brugal, C. Feibel y M. Kibunjia, et al., «Early hominid stone tool production and technical skill 2.34 myr ago in West Turkana, Kenya», *Nature,* n.º 399, 1999, págs. 57-60.

Roche, H., J.-P. Brugal, D. Lefevre, S. Ploux y P.-J Texier, «Isenya: état des recherches sur un nouveau site acheuléen d'Afrique orientale», *African Arch. Rev.,* Springer Netherlands, vol. 6, n.º 1, 1988, págs. 27-55.

Rubio i Mora, A., J.-M. Fullola i Pericot, M.-A Petit Mendizábal, M.-M. Bergada y V. del Castillo Aguiló, *Arte y arqueología prehistóricos de la península de Baja California (México),* homenaje al doctor Joaquín González Echegaray, Museo y Centro de Investigaciones de Altamira, 1994.

Saban, R., *Anatomie et évolution des veins méningées chez les Hommes fossiles,* memoria de la sección científica, CTHS, 1984.

Safran, A.-B., A. Vighetto, T. Landis y E. Cabanis, *Neuro-ophtalmologie,* París, Masson, 2004.

Sakka, M., *Morphologie évolutive de la tête et du cou chez l'Homme et les Grands singes. Application aux Hominidés fossiles. Ensembles anatomiques cervicaux,* París, CNRS Éditions, Cahiers de Paléoanthropologie, 1985.

Sartono, V., *«Pre-Homo erectus* population in Java, Indonesia», *X Congr. U. Intern. Cien. Prehist. Protohist.,* 1981, págs. 47-86.
Sauvagere d'Artezé, F.-F. de la, *Recueil d'Antiquités dans les Gaules,* París, Éditions Herissant le Fils, 1770.
Schaaffhausen, H., «Sur le crâne de Neanderthal», *Bull. Soc. Anthr.,* 1863-1864.
Schaaffhausen, H., «Verh. naturhist. Ver. Preuss», *Rheinl.14, Corr. Bl.,* 1857, págs. 50-52.
Schaaffhausen, H., *Der Neanderthaler Fund,* Bonn, Marcus, 1888.
Schmerling, P.-C., «Recherches sur les ossements fossiles découverts dans les cavernes de la province de Liège», Lieja, Éditions P.-J. Collardin, págs. 1833-1834.
Schwartz, J., «Morphology *versus* molecules in evolution», en: H.-J. Birx (ed.), *Encyclopedia of Anthropology,* Thousand Oaks (California), Sage Publications, 2006, págs. 1626-1633.
Semaw, S., P. Renne, J.-W.-K. Harris, C.-S. Feibel, R.-L. Bernor, N. Fesseha y K. Mowbray, «2.5-million-year-old stone tools from Gona, Ethiopia», *Nature,* n.º 385, 1997, págs. 333-336.
Senut, B., *L'Humérus et ses articulations chez les Hominidés plio-pléistocènes,* París, CNRS Éditions, Cahiers de Paléoanthropologie, 1981.
Senut, B., *Le Coude des primates hominoïdes. Anatomie, function, taxonomie, évolution,* París, CNRS Éditions, Cahiers de Paléoanthropologie, 1989.
Senut, B., M. Pickford, D. Gommery, P. Mein, K. Cheboi e Y. Coppens, «First hominid from the Miocene (Lukeino) – (Formation, Kenya)», *C.R. Acad. Sci.,* París, n.º 332, 2001, págs. 137-144.
Senut, B., M. Pickford, J. Braga, D. Marais e Y. Coppens, «Découverte d'un *Homo sapiens* archaïque à Oranjemund, Namibie», *C.R. Acad. Sci.,* serie 2, n.º 330, 2000, págs. 813-819.
Simons, E., «L'origine des hominidés», *La Recherche,* París, n.º 10, 1979, págs. 260-267.
Simons, E.-L., «The cranium of *Parapithecus grangeri,* an Egyptian Oligocene anthropoidean primate», *Proc. Nat. Acad. Sci.,* n.º 98, 2001, págs. 7892-7897.
Simons, E. y P. Ettel, *«Gigantopithecus», Scient. Am.,* n.º 222, 1970, págs. 76-85.
Simons, E. y D. Pilbeam, *«Ramapithecus* (Hominidae, Hominoidea)», en: V.J. Maglio y H.B.S. Cooke (eds.), *Evolution of*

African Mammals, Cambridge, Harvard University Press, 1978, págs. 147-153.
Simons, E. y D. Pilbeam, «Preliminary Revision of Dryopithecinae (Pongidae Anthropoidea)», *Folia Primatol.,* n.º 3, 1965, págs. 81-152.
Simons, E.-L. y E.-R. Seiffert, «A partial skeleton of *Proteopithecus sylviae* (Primates, Anthropoidea): First associated dental and postcranial remains of an Eocene anthropoidean», *C.R. Acad. Sci.,* serie II, n.º 329, 1999, págs. 921-927.
Simons, E.-L., E.-R. Seiffert, P.-S. Chatrath e Y. Atia, «Earliest record of a parapithecid anthropoid from the Jebel Qatrani Formation, northern Egypt», *Folia Primatol.,* n.º 72, 2001, págs. 316-331.
Simpson, G.-G., «The principles of classification and a classification of mammals», *Bull. Am. Mus. Nat. Hist.,* vol. 85, 1945.
Soto-Heim, P., *Le Peuplement paléo-indien et archaïque d'Amérique du Sud: étude anthropologique et analyse comparative avec le Peuplement sub-actuel,* París, MNHN, 1992.
Sowers, T.-A. y M. Bender, «Climate records during the last deglaciation», *Science,* n.º 269, 1995, págs. 210-214.
Szalay, F.-S. y E. Delson, *Evolutionary History of the Primates,* Nueva York, Acad. Press, vol. XIV, 1979.
Taieb, M. y D. Pauchet, *Sur la terre des premiers hommes,* París, Robert Laffont, 1985.
Taquet, P., *L'Empreinte des dinosaures: carnets de piste d'un chercheur d'os,* París, Odile Jacob, 1997.
Tardieu, C., *L'Articulation du genou: analyse morpho-fonctionnelle chez les primates et les hominidés fossiles,* París, CNRS Éditions, Cahiers de Paléoanthropologie, 1983.
Tardieu, C., *Le Centre de gravité du corps et sa trajectoire pendant la marche. Évolution de la locomotion des Hommes fossiles,* París, CNRS Éditions; Cahiers de Paléoanthropologie, 1992.
Tassy, P., *Nouveaux Elephantoidea (Mammalia) dans le Miocène du Kenya. Essai de réévaluation systématique,* París, CNRS Éditions, «Travaux de paléontologie est-africaine», 1986.
Tattersal, I. y J. Schwartz, *Extinct Humans,* Westview Press, 2000.
Tchernov, E., *Évolution des crocodiles en Afrique du Nord et de l'Est,* París, CNRS Éditions, «Travaux de paléontologie est-africaine», 1986.

Ter Haar, C., *Het Ngandong Ten-as, Rapport over Ontdekking, Uitgraving en Geologische Ligging er van Uitgebracht,* The Ngandong Terrace, Informe acerca del descubrimiento, la excavación y la situación geológica visible en la zona, GRDC-G, Old Library ref. 20/G/34, 1934.

Testut, L., «Recherches anthropologiques sur le squelette quaternaire de Chancelade, Dordogne», *Bull. Soc. Anthrop.,* Lyon, 1889.

Thillaud, P.-L., *Paléopathologie humaine,* Sceaux, Kronos BY, 1996.

Thoma, A., «The position of the Vertesszollos find in relation to *Homo erectus»,* en: B.-A Sigmon y J.-S. Cybulski (eds.), *Homo erectus: a Synopsis, Some New Information, and a Chronology. Homo Erectus Papers in Honour of Davidson Black,* Toronto, University of Toronto Press, 1981, págs. 237-238.

Thomas, H., *Le Mystère de l'Homme de Piltdown. Une extraordinaire imposture scientifique,* París, Belin, 2002.

Thomas, H., J. Roger, S. Sen, M. Pickford, E. Gheebrant, Z. Al-Sulaimani y S. Al-Busaidi, «Oligocene and Miocene terrestrial vertebrates in the Southern Arabian Peninsule (Sultanate of Oman) and their geodynamic and paleogeographic settings», en: P.-J. Whybrow y A. Hill (eds.), *Fossil Vertebrates of Arabia,* Londres, Yale University Press, 1999, págs. 430-442.

Tillier, A.-M., *Les Enfants moustériens de Qafzeh. Interprétations phylogénétiques et paléoauxologique,* París, CNRS Éditions, Cahiers de Paléoanthropologie, 1999.

Tixier, J., «Typologie de l'épipaléolithique du Maghreb», Arts et métiers graphiques, *Mém. CRAPE,* n.º 2, Alger, París, 1963.

Tixier, J., «Procédés d'analyse et questions de terminologie concernant l'étude des ensembles industriels du Paléolithique récent et de l'Epipaléolithique dans l'Afrique du Nord-Ouest», en: W.-W. Bishop, J.-D. Clark (eds.), *Background to Evolution in Africa,* Chicago, Chicago University Press, 1967.

Tobias, P., «The Olduvai Bed I Hominine with special reference to its cranial capacity», *Curr. Anthr.,* vol. 6, n.º 4, 1965, págs. 421-422.

Tobias, P.V., «The cranium and maxillary dentition of *Australopithecus (Zinjanthropus) boisei»,* vol. 2, en: L.S.B. Leakey (ed.), *Olduvai Gorge,* Cambridge, Cambridge University Press, 1967.

Tobias, P.V., «The skulls, endocasts and teeth of *Homo habilis»,* vol. 4, en: L.S.B. Leakey (ed.), *Olduvai Gorge,* Cambridge, Cambridge University Press, 1991.

Trinkaus, E. y P. Shipman, *Les Hommes de Neandertal,* París, Seuil, 1996.

Tuttle, R., «Up from electromyography: Primate energetics and the evolution of human bipedalism», en: R.-S. Corruccini y R.-L. Ciochon (eds.), *Integrative Paths to the Past. Paleoanthropological Advances in Honor of F. Clark Howell,* Englewood Cliffs (Nueva Jersey), Prentice Hall, 1994, págs. 269-284.

Tuttle, R., D.-M. Webb, N.-I. Tuttle y M. Baksh, «Footprints and gaits of bipedal apes, bears, and barefoot people: perspectives on Pliocene tracks», en: S. Matano et al., *Topics in Primatology,* vol. 3, Tokio, University of Tokyo Press, 1992, págs. 221-242.

L'Univers, 17 de diciembre, París, 1908.

Ussunet-Zarouk, C., «Approche du régime alimentaire de l'homme fossile par caractérisation des stries d'usure dentaire», tesis, Université Pierre-et-Marie-Curie-Paris-VI, 1991.

Van den Bergh, G.D., J. de Vos y P.-Y. Sondaar, «The Late Quaternary palaeogeography of mammal evolution in the Indonesian Archipelago», *Palaeogeo. Palaeoclim. Palaeoecol,* n.º 171, 2001, págs. 385-408.

Vandermeesrch, B., *Les Hommes fossiles de Qafzeh (Israel),* París, CNRS Éditions, Cahiers de Paléoanthropologie, 1981.

Vandermeesrch, B., «Présapiens et anténeandertaliens», en: «L'Homme fossile: 150 ans après», *Bull. Soc. R. B. Anthrop. Prehist.,* vol. 97, 1986, págs. 45-57.

Vandermeesrch, B. y B. Maureille, *Les Neandertaliens. Biologie et culture,* Comité des Travaux Historiques et Scientifiques, 2007.

Verneau, R., «Les grottes de Grimaldi (Baousse-Rousse), Monaco», *L'Anthropologie,* Il-Fascicule I., Mónaco, 1905.

Vernet, J.-L., «Les charbons de bois, les anciens écosystèmes et le rôle de l'homme», *Bull. Soc. Bot. Fr.,* vol. 139, n.º 2, 1992, págs. 3-4.

Verron, G., *Préhistoire de la Normandie,* Rennes, Éditions Ouest-France, 2000.

Vialou, D., *L'Art des cavernes,* Mónaco, Le Rocher, 1987.

Vialou, D., *L'Art des grottes,* París, Scala, 1998.
Villemeur, I., *La Main des neandertaliens. Comparaison avec la main des hommes de type moderne. Morphologic et mécanique,* París, CNRS Éditions, Cahiers de Paléoanthropologie, 1994.
Virchow, R., «Untersuchung des Neanderthal-Schädels Verhandlungen der Berliner», *Anthropologischen Gesellschaft,* n.º 4, 1872, págs. 157-165.
Vos, J. de, «Taxonomy, ancestry and speciation of the endemic Pleistocene deer of Crete compared with fossil elephants of Crete: faunal turnover and a comparison with taxonomy, ancestry and speciation of Darwin's finches», D.S. Reese (ed.), *Monographs in World Archaeology,* vol. 28. Madison, Prehistory Press, 1996, págs. 111-119.
Vos, J. de, F. Aziz, P.-Y. Sondaar y G.-D. Van den Berch, «*Homo erectus* in SE Asia: time space and migration routes; a global model III. Migration routes and evolution», en: J. Gibert, F. Sánchez, L. Gibertn, F. Ribot (eds.), *The Hominids and their Environment during the Lower and Middle Pleistocene of Eurasia. Proceedings of the International Conference of Human Paleontology, Orce 1995,* 1999, págs. 369-383.
Vrba, E.S., G.H. Deuton, T.C. Partridge y L.H. Bunckle, *Paleoclimate and Evolution with Emphasis on Human origins,* New Haven, Yale University Press, 1995.
Weidenreich, F., «The extremity bones of *Sinanthropus pekinensis», Pal. Sinica,* nueva serie, D. 5, 1941, págs. 1-151.
Weidenreich, F., «The *Sinanthropus* population of Choukoutien (Locality 1) with a preliminary report on new discoveries», *Bull. Geol. Soc. China,* n.º 14, 1935, págs. 427-461.
Weidenreich, F. «The skull of *Sinanthropus pekinensis:* a comparative study on a primitive hominid skull», *Pal. Sinica,* nueva serie, D. 10, 1943, págs. 1-485.
White, T.-D., G. Suwa y B. Asfaw, «*Australopithecus ramidus,* a new species of early hominid from Aramis, Ethiopia», *Nature,* 1994, n.º 371, págs. 306-312; Corrigendum, *Nature,* 1995, n.º 375, pág. 88.
White, T.-D., «Cut marks on the Bodo cranium: A case of prehistoric defleshing», *Am. J. Phys. Anthrop.,* vol. 69, 1986, págs. 503-509.

White, T.-D., G.W. Gabriel, B. Asfaw, S. Ambrore, Y. Beyene, R.L. Bernor, J.R. Boisserie, B. Currie, H. Gilbert, Y. Hailé-Sélasié, W.K Hart, L.J. Hlusko, F.C. Howell, R.T. Kono, T. Lehmann, A. Louchart, C.O. Lovejoy, P.R. Renne, H. Saegusa, E.S. Vrba, H. Wesselman y G. Suwa, «Asa Issie, Aramis and the origin of *Australopithecus»*, *Nature,* 440, 2006, págs. 883-889.

Woodward, A.-S., «Note on the Piltdown Man», *Geol. Mag.*, octubre de 1913.

Yiou, P., K. Fuhrer, L.-D. Meeker, J. Jouzel, S. Johnsen y P.-A. Masked, «Paleo-climatic variability inferred from the spectral, analysis of Greenland and Antarctic ice-core data», *J. Geophys. Res.*, n.º 102 (C12), 1997, págs. 26.441-26.454.

Zdansky, O., «Preliminary notice on two teeth of a hominid from a cave in Chihli (China)», *Bull. Geol. Soc. China,* n.º 5, 1927, págs. 281-284.

Fuentes

Yves Coppens, «Paléoanthropologie et préhistoire», *Annuaire du Collège de France, 1983-1984,* págs. 555-584, 1984; *1984-1985,* págs. 563-594, 1985; *1985-1986,* págs. 561-592, 1986; 1986-1987, págs. 459-492, 1987; *1987-1988,* págs. 505-534, 1988; *1988-1989,* págs. 449-475, 1989; *1989-1990,* págs. 539-573, 1990; *1990-1991,* págs. 611- 641, 1991; *1991-1992,* págs. 597-624, 1992; *1992-1993,* págs. 629-654, 1993; *1993-1994,* págs. 635-666, 1994; *1994-1995,* págs. 595-627, 1995; *1995-1996,* págs. 687-726, 1996; *1996-1997,* págs. 661-696, 1997; *1997-1998,* págs. 653-686, 1998; *1998-1999,* págs. 601-633, 1999; *1999-2000,* págs. 627-654, 2000; *2000-2001,* págs. 597-621, 2001; *2001-2002,* págs. 659-690, 2002; *2002-2003,* págs. 665-694, 2003; *2003-2004,* págs. 727- 755, 2004; *2004-2005,* págs. 503-521, 2005.

Notas

1. El diente de Lukeino será el primer fósil atribuido a *Orrorin tugenensis,* Senut, Pickfort, Gommery, Mein, Cheboi y Coppens, 2001. El húmero de Kanapoi entrará en la definición de *Australopithecus anamensis,* Leakey, Feibel, McDougall y Walker, 1995.

2. Mi hipótesis de la *East Side Story* tuvo que ser abandonada como consecuencia del descubrimiento de *Australopithecus bahrelghazali,* Brunet, Beauvilain, Coppens, Heintz, Montaye y Pilbeam, 1996, y de *Sahelanthropus tchadensis,* Brunet, Guy, Pilbeam, Mackaye, Likius, Ahounta, Beauvilain, Blondel, Bocherens, Boisserie, de Bonis, Coppens, Dejax, Denys, Duringer, Eisenmann, Fanone, Fronty, Geraads, Lehmann, Lihoreau, Louchart, Mahamat, Merceron, Mouchelin, Otero, Peláez-Campomanes, Ponce de León, Rage, Sapanet, Schuster, Sudre, Tassy, Valentin, Vignaud, Viriot, Zazzo y Zollikofer, 2002, al oeste del valle del Rift.

3. Los australopitecos eran entonces los únicos prehumanos conocidos o, al menos, todos los prehumanos se llamaban entonces australopitecos. Su diversificación, que se inició con *Ardipithecus ramidus,* White, Suwa y Asfaw, 1994 y 1995, se anunció en este curso. Actualmente (2007), se habla al menos de cuatro géneros, *Ardipithecus, Kenyanthropuus, Orrorin* y *Sahelanthropus,* además de *Australopithecus* en los Australopithecinae; el propio *Australopithecus* se considera como un género *(Australipithecus),* dos géneros *(Australopithecus, Paranthropus)* o tres géneros *(Australopithecus, Paranthropus, Zinjanthropus)* según los autores (yo adoptaría la tercera hipótesis). Si hoy tuviera que recuperar esta nomenclatura, sacaría del género cajón de sastre *Australopithecus* al *Australopithecus anamensis* (con bipedia exclusiva y a la vez con anatomía de los miembros tanto superiores como inferiores muy moderna),

que sin duda convertiría en otro género, y al *Australopithecus bahrelghazali* (con la sínfisis vertical y los premolares muy molarizados), que colocaría en *Kenyanthropus platyops.*

4. El concepto de *Preaustralopithecus* no perduró.

5. «Mi» equipo significa aquí, para esta investigación en particular, Brigitte Senut, Christine Tardieu y Dominique Gommery. Por otra parte, hoy continúo pensando que, en Hadar, hay dos homínidos, uno mayoritario, que el esqueleto de Lucy caracteriza bien *(Australopithecus afarensis)* y el otro, muy poco representado, pero claramente diferente y contemporáneo, que, en las condiciones de conocimiento actuales (2007), colocaría en la especie *Australopithecus anamensis.*

6. La interpretación del pie y del paso fueron más tarde objeto de debates contradictorios.

7. Después (1994) se encontró en Sudáfrica un australopiteco llamado *Little foot* más antiguo y más arcaico que *Australopithecus africanus.*

8. Primera mención en este curso de lo que descubrí en 1975 y después llamé el «acontecimiento del H(Omo)» u *(H)Omo event,* que describe la aparición del género *Homo* como una respuesta adaptativa (lograda) a un cambio climático (sequía), una idea abundantemente retomada a partir de 1985 (es decir, diez años después de su «emisión») por la comunidad científica internacional.

9. En realidad, seis años.

10. Algunas de estas piezas se atribuyen actualmente a una segunda «primera» especie, *Homo rudolfensis.*

11. Lo que entonces se llamó *Homo* es lo que ahora se llama *Australopithecus anamensis,* Leakey et al., 1995, en Kanapoi y Allia Bay, como quizás en Hadar.

12. He pensado durante mucho tiempo que la especie humana que se desplegó a través de África y después Eurasia era una de las primeras *(Homo habilis* u *Homo rudolfensis),* contrariamente a la opinión general, que «quería» que fuera *Homo erectus;* los descubrimientos realizados recientemente en Georgia, en Italia, en España y en China van en «mi» sentido.

13. Fósiles humanos europeos más antiguos ocuparon después el lugar de Mauer (cuya edad quizá se sobrestimó); se trata de fósiles españoles o italianos (de hace alrededor de un millón de años).

14. Se distinguía entonces, igual que hoy (2007), el hombre moderno del hombre de Neandertal, pero entonces se concedía a ambos el estatuto de subespecies, *Homo sapiens sapiens* y *Homo sapiens neandertalensis;* en la actualidad, se tiende a concederles el estatuto pleno de especie *Homo sapiens* y *Homo neandertalensis.*

15. Entre *H. habilis* y *H. erectus,* algunos distinguen actualmente un *H. ergaster* (el 3733 pertenecería a esta «especie» de especie).

16. El yacimiento de Ubeidiya, nunca bien datado, fue rejuvenecido.

17. En realidad, se necesitó otro año, es decir un total de 54 lecciones.

18. O no.

19. Léase *Homo neandertalensis,* quizás una verdadera especie.

20. Se califican ahora de neandertales los restos humanos europeos de 400.000 años (e incluso 500.000) a 35.000 años; existen ciertas posibilidades de que los restos que preceden los anuncien; entonces se llaman preneandertales o *heidelbergensis,* pero proceden, tal vez desde un millón de años, del mismo proceso de deriva genética, que podemos llamar neandertalización.

21. Para la mayoría de los autores (entre ellos el indonesio Teuku Jacob), hay discontinuidad entre los últimos *Homo erectus* autóctonos, en efecto evolucionados (Ngandong), y los primeros *Homo sapiens* alóctonos, así como entre los últimos *Homo neandertalensis* (Zafarraya, Saint-Césaire) y los primeros *Homo sapiens* (Cro-Magnon) europeos.

22. A partir de 40.000 años al menos, Australia.

23. Ahora conviene sacar de esta lista al hombre de Neandertal.

24. Este segundo recorrido (ocho veces nueve lecciones), ajustado a la actualidad, es naturalmente más caótico que el primero, que fue voluntariamente cronológico y lineal durante seis años. Los tres primeros cursos presentan esta vez, aunque a granel, las novedades en el momento de estos años de enseñanza y después dos cursos tratan de manera más seguida los primeros poblamientos de Eurasia, un curso los primeros poblamientos de América, un curso las probables relaciones entre las herramientas y los hombres y el último es un balance general.

25. *Motopithecus* se convirtió formalmente en *Samburupithecus,* Ishida y Pickford, 1998.

26. La multiplicación voluntaria de los nombres informales (por no decir estúpidos) sólo se hizo, como se dice en el texto original, para desmarcar los linajes, tal como aparecían, en este mes de agosto de 1995, en la cabeza del autor.

27. Juan Luis Arsuaga dice actualmente quinientos mil años (comunicación personal, Madrid, febrero de 2006). Pero otros autores mantienen la estimación anterior.

28. Un *Homo habilis* o un *Homo rudolfensis*.

29. Un estudio reciente lo acerca más a *Homo rudolfensis*.

30. *Samburupithecus,* Ishida y Pickford, 1998, en general no se considera un homínido.

31. ATER significa agregado temporal de enseñanza e investigación.

32. Shungurense, hadarense: véase definición en el capítulo «Cultura».

33. En la actualidad, se piensa más, para Dmanissi, en *Homo ergaster,* e incluso en *Homo rudolfensis*.

34. *Australopithecus* se emplea aquí en el sentido de prehumano *sensu lato*.

35. *Homo* incluye *Homo habilis* y *Homo rudolfensis,* pero también *Australopithecus anamensis* todavía no descrito, bípedo exclusivo a partir de cuatro millones de años.

36. *Australopithecus* se emplea aquí para *Zinjanthropus* o *Paranthropus*.

37. Lazaret está datado actualmente en 160.000 (o 180.000) años.

38. La misión continuó, confirmó las anomalías y sondeó; las cuevas estaban allí.

39. Evidentemente, la *East Side Story* tuvo que abandonarse como consecuencia de los descubrimientos chadianos. *The Crossing of the Rift* era un intento de explicación del descubrimiento de *Australopithecus bahrelghazali* de tres a 3,5 millones de años en Chad (descubrimiento hecho en 1994, antes del de *Sahelanthropus tchadiensis* de siete millones de años hecho en 2002). Esta hipótesis, basada en cambios de fauna y en la «sustitución» de *Ardipithecus* por *Australopithecus,* fue propuesta, dos años más tarde, por Tim White et al.

40. Es divertido recordar que esta lección se dio en 1998-1999 y que dos años después se descubrió *Homo floresiensis,* que quizá

llegó a Flores hace 700.000 a 800.000 años, desarrolló a su vez el nanismo insular del que hemos hablado aquí y sobrevivía todavía en este «estado» hace 12.000 a 18.000 años.

Y *Stegodon trigonocephalus* nos guía y nos conforta en esta interpretación; llegó a Flores con su forma intermedia *Stegodon trigonocephalus trigonocephalus* y no con su forma final *Stegodon trigonocephalus ngandongensis* de Java, y dará lugar en Flores a otra subespecie original enana, al mismo tiempo que *Homo erectus* dará lugar a la suya (subespecie o especie).

41. Se trata de una forma derivada de *Homo erectus* (y no de *Homo sapiens).*

42. *Homo erectus neandertalensis* u *Homo neandertalensis,* pero no *Homo sapiens neandertalensis.*

43. Conviene señalar que la *East Side Story* se ha presentado siempre de manera muy modesta. Por otra parte, mantendré todavía hoy los términos (todos los términos) de esta declaración, mezclando prudencia y esperanza, que sin embargo precede en tres años al descubrimiento de *Sahelanthropus tchadensis.*

44. Fort Lamy se convirtió después en Yamena.

45. Los análisis han evolucionado, por lo tanto, veinte años después, el cráneo 1470 es ahora el tipo de una especie nueva, *Homo rudolfensis,* y los cráneos de Ngandong, los de una forma evolucionada de *Homo erectus; Homo sapiens* de Java sería un recién llegado (del continente) que firma una discontinuidad.

46. Prehumanos y australopitecos eran entonces sinónimos; no se conocía ni *Ardipithecus* ni *Orrorin* ni *Kenyanthropus,* y evidentemente no se conocían los homínidos de Chad.

47. El descubrimiento por Michel Brunet de *Australopithecus bahrelghazali* y de *Sahelanthropus tchadensis* hizo hablar a este último, a propósito de estos homínidos, de una *West Side Story.* Por lo tanto, la literatura cuenta con dos *West Side Stories* que no hay que confundir.